ELABORACIÓN DE QUESOS DE OVEJA Y DE CABRA

Wolfgang Scholz, *Maestro quesero e instructor en muchos cursos y seminarios, ha puesto de manifiesto su capacidad para transmitir de una manera clara sus experiencias prácticas con unas introducciones teóricas sencillas.*

Elaboración de quesos de oveja y de cabra

WOLFGANG SCHOLZ

Traducido del alemán por

JAIME ESAÍN ESCOBAR
Dr. en Veterinaria
Diplomado en Bromatología

Editorial ACRIBIA, S.A.
ZARAGOZA (España)

Título original: Käse aus Schaf- und Ziegenmilch
Autor: Wolfgang Scholz
Editorial: Eugen Ulmer GmbH & Co., Stuttgart, Germany

Fotografías: Wolfgang Scholz

Reimpresión 2019

I.S.B.N.: 978-84-200-0825-7

www.editorialacribia.com

IMPRESO EN ESPAÑA PRINTED IN SPAIN

D.L.: Z 1695-2013 Editorial ACRIBIA, S.A.- Royo, 21 - 50006 Zaragoza (España)

Imprime: ULZAMA DIGITAL

Índice de contenido

Prólogo ix
Introducción xi

Fundamentos del tratamiento de la leche

Consideraciones químicas 1
Composición de las leches de oveja y cabra 1
Influencia del estado de salud de los animales sobre la composición de la leche 4
Influencia de la alimentación sobre el contenido proteico y composición mineral de la leche 5
Premaduración de la leche 5

Consideraciones microbiológicas 6
Grupos más importantes de gérmenes presentes en la leche 7
Medidas protectoras contra los gérmenes indeseables 9
¿Leche cruda o leche pasteurizada? 18

Proteína de la leche 19
Composición proteica 20
Proteína sérica 20
Precipitación de la caseína 22
Factores que influyen en la coagulación enzimática y en el desuerado 25

Sustancias auxiliares en la transformación de la leche 29
Cultivos bacterianos 29
Calcio 31
Nitrato 32
Cuajo 33
Sal 34
Hierbas aromáticas y condimentos 36
Ácido láctico 36

Clasificación de los quesos 37

Tratamiento de la leche de oveja

Productos de leche acidificada ... 39
Tratamiento de la leche 40
Acidificación y coagulación 41
Utensilios necesarios 41
Yogur 41
Yogur de frutas 45
Nata ácida 47
Identificación y prevención de defectos en productos de leche agria 48

Quesos frescos 49
Quesos frescos cilíndricos y «Gupferl» 49
Material necesario 50
Elaboración 50

Descripción esquemática de la elaboración de queso fresco cilíndrico o «Gupferl» 52
Defectos de producción 54
«Quark» 56
Material necesario 56
Elaboración 56
Queso en capas 58
Tratamiento del «quark» para la obtención de otros productos 60
Recetas con quark o requesón 62

Quesos blandos 64
Material necesario 64
Elaboración 66
Salazonado y almacenamiento 69
Maduración 69
Identificación y prevención de defectos 71

Quesos madurados por mohos ... 72
Quesos madurados por mohos blancos tipo camembert 72
Quesos madurados por mohos internos tipo roquefort 75
Quesos de maduración doble por mohos 79

Quesos de corte 81
Material necesario 82
Elaboración 82
Salazonado 85
Identificación y prevención de defectos 87
Maduración 88

Maduración de los quesos 88
Maduración por bacterias o fermentos del rojo (tipo picante) .. 88
Maduración con mohos Camembert 89
Maduración del queso en películas de plástico (tipo suave) 91
Maduración con recubrimiento de parafina 92
Inmersión y maduración en aceite 92
Inmersión y maduración en salmuera (quesos tipo Feta) 92
Maduración mediante frotado con agua salada 93
Ahumado 93

Aprovechamiento del suero 93
Proteína del suero (pasta de suero, requesón) 94
Bebidas de suero 96

Mantequilla 97
Obtención de la nata 98
Maduración de la nata 99
Batido 100
Conservación y almacenamiento .. 102

Tratamiento de la leche de cabra

Diferencias entre las leches de oveja y cabra 103
Observaciones sobre el tratamiento 104
Diferencias especiales de la elaboración 104
Queso de cabra francés 112

Tratamiento de la leche de vaca

Queso Cottage 113
Elaboración 113
Identificación y prevención de defectos 117

Queso de leche ácida 119
Elaboración del requesón básico .. 119
Transformación en queso cocido .. 120
Maduración del requesón ácido 120

Apéndice 125
Normalización del contenido graso (cálculo de las mezclas cruzadas) . 125
Cálculo por unidades grasa 125
Cálculo por el método de la cruz de las mezclas 126

Normas legales para la venta directa en Austria 128
Normas legales para la venta directa en Alemania 130
Direcciones de interés para compras diversas 137
Bibliografía 141
Índice alfabético 143

Prólogo

Hace ya 50 años que me dedico en el Instituto de Industrias Lácteas de Wolfpassing a trabajar en la comercialización de productos lácteos. Sobre todo en lo que se refiere al tratamiento de las leches de oveja y cabra, he podido participar durante ese tiempo en innumerables Seminarios, transmitiendo buena parte de los conocimientos teóricos y prácticos acumulados en mis 30 años de experto en lechería. En ese tiempo he sufrido multitud de apuros, quebraderos de cabeza y problemas referentes al tratamiento de la leche en las casas de labor; he adquirido nuevos conocimientos y amigos y he descubierto también mi amor hacia las ovejas y las cabras y la leche que producen. De aquí que acogiese con mucho gusto la petición que me hicieron de que escribiese un libro, y que accediese a satisfacer ese deseo. En mi trabajo me he esforzado por describir en términos sencillos muchos conceptos científicos, evitando en lo posible expresiones profesionales. La presente obra aspira a ayudar al lector a transformar la leche de sus animales en productos lácteos de alta calidad, sea con destino a consumo propio o para el mercado. Deseo a todos los lectores muchos éxitos en el estudio del libro y en la utilización práctica de su contenido teórico.

Aprovecho esta oportunidad para dar las gracias a cuantas personas han hecho posible la realización del presente libro: al Sr. Diplo.-Ing. Consejero F. Becker, mi superior en el pasado, sin cuyo apoyo y amabilidad yo nunca hubiera podido adquirir los conocimientos necesarios para redactar la obra; al Ministerio Federal de Agricultura y Explotación Forestal, por la autorización para publicar el libro; a mi Director, Sr. Diplo.-Ing. Consejero Dr. Winterer, que ha manifestado una postura muy positiva y benevolente frente a este trabajo; a mis colaboradores, Srs. Ingenieros Diplomados Martín Rogenhofer, Eduard Hauss y Karl Aichinger, por su ayuda en la realización de la obra; y a los muchos ganaderos y ganaderas que llegan a mí con sus problemas, dándome con ello oportunidad para acumular experiencia. No menos agradecido estoy a mi familia por su comprensión e indulgencia, ante el poco tiempo que he podido dedicarle en los meses que duró la redacción del libro.

Wolfgang Scholz

Introducción

La transformación de la leche es un tema muy amplio, que necesita determinados conocimientos y experiencia. La elaboración de productos lácteos no puede plantearse en forma de recetas, como pudiera ser un libro de cocina, pues trabajamos con una materia prima viva –la leche– sujeta a variaciones. Por consiguiente, para poder preparar productos de una calidad alta y uniforme hace falta, además de la correspondiente receta, una cierta formación básica. Este libro no es, por tanto, un repertorio de recetas, sino el vehículo de los necesarios conocimientos fundamentales, expresados en términos sencillos, para transformar la leche en diversos grupos de productos lácteos. Sólo el conocimiento del «porqué» de los diversos procedimientos empleados y de las consecuencias de no observar los principios correspondientes, así como la capacidad para corregir las deficiencias con repercusión en la calidad, permiten una producción en debidas condiciones, pese a las diversas circunstancias que influyen en el proceso (fase de lactación, alimentación, climatología, etc.). Por ello, este libro contiene, además de muchas directrices y normas prácticas, cierto caudal de información teórica con el cual poder evitar contratiempos y defectos de la producción. La ventaja que suponen estos conocimientos y el buen nivel de calidad de los productos con ellos obtenidos, ayudarán al lector en la cada vez más dura lucha de la competencia y en la directa comercialización de sus artículos.

Muchos podrían preguntarse para qué hacen falta también conocimientos teóricos en el tratamiento de la leche y si no son suficientes unas instrucciones de elaboración, a la manera de los libros de cocina («se toma....»), Sin embargo, por ser la leche un producto vivo, quizá el método del libro-recetario de cocina sería suficiente para 300 días al año, pero los 65 días restantes plantearían problemas evidentes. Para evitar estos contratiempos y prevenir los defectos de producción, es decir, para razonar y poder eliminar las causas que originan quesos defectuosos, es preciso estar en posesión de unos conocimientos teóricos básicos. Nadie debe dedicar su tiempo y esfuerzo a estudiar los complicados procesos enzimáticos, químicos y biológicos que acontecen en la transformación de la leche en productos lácteos. Pero cuestiones fundamentales, como «¿por qué coagula la leche cuando añadimos el cuajo?» o «¿cómo puedo favorecer o disminuir el desuerado?», resultan de gran importancia para una elaboración de quesos exenta de anomalías. Conocer las particularidades biológicas de algunos microorganismos importantes, por qué se fabrica el yogur con temperaturas más altas que la leche acidificada, etc., no sólo es interesante, sino necesario para entender los principios de elaboración. La aplicación de algunos conocimientos teóricos nos ahorrará muchos disgustos y desagradables experiencias. Por ello, en los siguientes capítulos también se incluye una parte de teoría, que nos evitará cometer errores y disfrutar más y mejor en la transformación de la leche.

Además de una adecuada dosis de conocimientos teóricos, son requisitos previos para el buen éxito de nuestro quehacer dedicar atención al entorno en que se elaboran los productos lácteos, así como a las instalaciones y utensilios empleados en estas tareas. Utensilios y medios auxiliares deben adaptarse al producto en cuestión. Son muy pocos los útiles que pudiéramos llamar universales y que pudieran emplearse en todos los casos. Antes de iniciar el tratamiento de la leche, debe decidirse lo que se desea elaborar y sólo después decidir los utensilios adecuados que se deben adquirir para tal fin. Esto no siempre debe ir acompañado de grandes desembolsos, si bien no debe olvidarse que, cuanto mejor se adapten los utensilios al objetivo perseguido y de más calidad sean, mejores y más duraderos serán los resultados obtenidos. En especial, los útiles de trabajo deben poderse limpiar bien y ser de fácil manejo. Los recipientes no serán demasiado grandes; en una cuba para queso llena sólo en una cuarta parte de su capacidad, el producto se elabora con más dificultad que en una tina llena del todo.

Como todo en la vida debe tener «pies y cabeza», el dicho es aplicable asimismo a la transformación de la leche. Así, igual que las flores se desarrollan mejor –se dice– cuando se les habla, también es necesario un correcto estado de ánimo en la producción de yogur, mantequilla y queso, para obtener artículos de buena calidad. Por descontado, quien acometa este trabajo con más entusiasmo, mejor alcanzará sus fines. Pero también debe tenerse presente que hace falta paciencia para convertirse en un experto quesero. Al principio, no todos los productos se obtienen como estaban previstos. Para lograrlo, también hace falta cierta dosis de experiencia. Cuanto más tiempo se lleva trabajando en la transformación de la leche, más fáciles resultan las cosas y de mejor calidad es el queso obtenido. El buen éxito alcanzado en los resultados reforzará, por último, nuestra afición y satisfacción.

Fundamentos del tratamiento de la leche

Para que una casa sea sólida, son importantes unos buenos cimientos. De igual forma, antes de acometer la transformación de la leche, conviene conocer los fundamentos de los respectivos tratamientos. Cuando la elaboración de productos lácteos se lleva a cabo sobre bases sólidas, el éxito sonríe con mayor frecuencia. De aquí que algunos capítulos de este libro se inicien con una exposición teórica.

Consideraciones químicas

La composición química de la leche influye mucho sobre la calidad de los productos obtenidos a partir de ella. La influencia del estado de salud de los animales, del manejo y de la alimentación son otros tantos factores que no hay que subestimar, si se desea alcanzar unos buenos resultados. Por ser la leche una sustancia viva, su composición química también experimenta ciertos cambios en el curso de la lactación, que deben tenerse en cuenta al elaborar productos lácteos.

Composición de las leches de oveja y cabra

Grasa láctea

La grasa se encuentra en la leche en forma de diminutos glóbulos rodeados por una fina envoltura proteica. El tamaño medio de estos glóbulos grasos es de 5 μ (1 μ = 0,001 mm), oscilando normalmente entre 1 y 20 μ. Si se deja reposar la leche, en virtud del bajo peso específico de la grasa láctea se produce la separación de ésta, formándose en la superficie una capa de nata. La velocidad con que se produce este fenómeno depende decisivamente del tamaño de los glóbulos grasos y del hecho de que en el proceso de la separación de la nata confluyan dichos glóbulos formando racimos que pueden alcanzar diámetros de 400 μ. Como consecuencia del aumento de volumen que esto implica, incrementa también la fuerza ascensional de los glóbulos, pudiendo alcanzarse una velocidad de desnatado de varios metros por hora. Sobre la velocidad de formación de la nata influye también la viscosidad de la leche. Una viscosidad alta (como la propia de la leche de oveja) reduce la velocidad de desnatado, por lo que, con objeto de disminuir la viscosidad de la leche, conviene calentarla a 40-50°C antes de realizar el desnatado a máquina. Desnatar leche fría resulta difícil, quedando en la leche desnatada un contenido de grasa hasta del 1%.

El contenido graso de la leche depende mucho de la raza, alimentación y manejo de los animales, de la fase de lactación y del cuidado puesto en el ordeño. La última leche obtenida es precisamente la más rica en grasa. En la leche de oveja, la tasa de grasa al principio de la lactación está alrededor del 5%, para aumentar hasta el 10% o más hacia el final de la lactación.

Proteína

La proteína de la leche está constituida por una serie de unidades fundamentales, que son los llamados aminoácidos. A este respecto, son importantes para el hombre los aminoácidos esenciales (cistina, cisteína, metionina), imprescindibles para el organismo humano. Al no poder éstos ser fabricados por el organismo, deben ingresar con los alimentos. La proteína de la leche contiene grandes cantidades de aminoácidos esenciales, lo que la hace más valiosa que la proteína vegetal (v.gr., de soja). Muchos de estos aminoácidos se unen para formar péptidos y luego proteínas, las cuales son a su vez, los componentes principales de la materia nitrogenada. Al igual que la tasa de grasa, también el contenido proteico de la leche depende en gran medida de la raza, manejo, alimentación y fase de lactación. La concentración de proteína aumenta en la leche de oveja durante la lactación de manera continuada. Al principio es de un 4,5%, para alcanzar el 7% al final; el aumento es particularmente acusado al final de la lactación.

Lactosa

La lactosa o azúcar de leche es el nutriente necesario para las bacterias acidolácticas que participan en la transformación de la leche. En la fabricación de todos los productos lácticos (con la excepción de leche para beber, nata batida, leche con cacao o vainilla, y también de productos frescos) participan las bacterias acidolácticas, que ejercen una influencia positiva sobre la calidad y capacidad de conservación de los productos obtenidos. Estos microorganismos al multiplicarse desdoblan la lactosa en ácido láctico. Este hecho desempeña papel esencial en la coagulación de la leche que tiene lugar en la elaboración de productos de leche fermentada; también es responsable del sabor y consistencia en la fabricación de queso. Por consiguiente, una cantidad suficientemente alta de lactosa en la leche es necesaria para elaborar los productos lácteos sin problemas.

Al controlar el contenido de lactosa en la leche de oveja se aprecia que disminuye ligeramente en el curso de la lactación. El descenso es de un 0,6-1%. Los valores absolutos oscilan al principio de la lactación en torno al 5%, y descienden al final hasta el 4-4,4%. Sin embargo, esta cantidad todavía es siempre suficiente para no plantear ningún problema de acidificación.

En la elaboración de leche acidificada o yogur se desdobla alrededor del 1%

de lactosa en ácido, por lo que también al final de la lactación hay siempre presente lactosa en exceso. Este remanente debe incluso reducirse por medios tecnológicos en la fabricación de ciertas clases de quesos (quesos de corte, quesos duros), con lo cual se evitan los quesos excesivamente acidificados.

Sales

Elementos como el calcio, fósforo, magnesio, potasio, sodio y cloro, y elementos vestigiales como el hierro, cobre, molibdeno, cinc, manganeso, yodo y flúor, todos ellos presentes en la leche, son en unión de los otros componentes responsables de su alto valor nutritivo. Para la fabricación de queso resulta de particular importancia el contenido en calcio, que es necesario para la coagulación de la leche con el cuajo. Por depender mucho el contenido de sales minerales de la leche del racionamiento y naturaleza de los piensos, cuando los animales reciben insuficiente cantidad de calcio, pueden presentarse problemas en la coagulación con cuajo. Esto puede compensarse agregando cloruro calcio en la fabricación del queso.

El seguimiento del contenido de calcio en la leche de oveja durante la lactación indica que al principio es relativamente baja la tasa de calcio, lo que puede ocasionar algunas veces alteraciones en la producción de quesos de esta especie. Por ello, es recomendable en las primeras semanas de lactación agregar cloruro cálcico a la leche destinada a la fabricación de queso, con objeto de lograr una buena coagulación por la acción del cuajo.

Vitaminas

La leche contiene todas las vitaminas importantes para la vida, como la A, B_1, B_2, B_6, B_{12}, niacina, ácido fólico, ácido pantoténico, C, D y E, cuyas tasas respectivas dependen en gran manera de factores diversos, como alimentación, sobrecargas térmicas, etc. Así, las vitaminas termolábiles, como la vitamina C, se encuentran en la leche acidificada o en el yogur en menor cantidad que en los quesos de leche cruda, como consecuencia del proceso tecnológico seguido en la elaboración de aquellos productos. Resulta pues, muy difícil expresar con exactitud el contenido en vitaminas de los productos lácteos, puesto que el tratamiento de la leche, tipo y duración de calentamiento, tecnología de la fabricación, tasa de grasa, etc. son diferentes en los distintos fabricantes, por lo cual sólo puede darse una cifra exacta tras el análisis de cada producto.

Tabla 1. Composición comparativa de las leches de vaca, oveja y cabra.

	Grasa,%	*Proteína,%*	*Lactosa,%*	*Sales,%*
Vaca	3,95	3,3	4,8	0,7
Oveja	5-10	4,5-7	5-4,2	0,8
Cabra	4,3	3,4	4,4	0,7

El contenido de vitaminas no ejerce ninguna influencia sobre la aptitud de la leche para fabricar queso.

Influencia del estado de salud de los animales sobre la composición de la leche

Las enfermedades y el mal estado de salud de los animales no solamente suelen disminuir la producción de leche, sino que originan en ésta diversas anomalías y también alteraciones en la composición. Estas afecciones provocan sobre todo estados inflamatorios de la glándula mamaria como mamitis y trastornos de la secreción.

La leche procedente de ubres con trastornos de la secreción exhibe siempre un elevado contenido de células somáticas (corporales).

Influencia de mamitis y trastornos secretores sobre la composición de la leche

Componentes	*Tendencia general de de las alteraciones*	*Cantidades, en%, del contenido original*
Extracto seco	Disminuido	5-15
Grasa	Disminuida	5-12
Proteína total	Sin variaciones	
Caseína	Disminuida	5-8
Proteína del suero	Aumentada	20
Lactosa	Disminuida	10-20
Minerales, v.gr.:		
Na	Muy aumentado	35
Cl	Muy aumentado	20-35
PO_4 (P)	Muy disminuido	20
Ca	Muy disminuido	2 -5

Estas alteraciones actúan de manera significativa en la fabricación quesera, especialmente así:

	Alteraciones
Velocidad de acidificación	Disminuida
Duración subsiguiente de la acidificación	Prolongada
Capacidad de acción del cuajo	Muy disminuida
Subsiguiente tiempo de coagulación	Muy prolongado
Consistencia del coágulo	Blanda
Capacidad de expulsión de suero en la retracción de la cuajada (sinéresis)	Muy disminuida
Peso del queso como consecuencia de la retención de suero	Muy aumentado
Contenido de extracto seco del queso	Muy disminuido
Calidad del queso debido al excesivo contenido de humedad	Muy disminuida

Influencia de la alimentación sobre el contenido proteico y composición mineral de la leche

Precisamente el contenido proteico de la leche influye decisivamente sobre la calidad en la fabricación de quesos. Cuando la alimentación es suficiente y acorde con la especie animal correspondiente, se mantienen las tasas de proteína propias de la especie en un intervalo normal; en cambio, si las hembras reciben raciones de proteína por debajo de sus necesidades, las cifras de proteína en la leche disminuyen. Una tasa de proteína demasiado baja en la leche no sólo disminuye el rendimiento, sino que en productos como el yogur o los quesos frescos, provoca auténticos trastornos en la elaboración. El yogur se torna demasiado blando y deslavazado, mientras que los quesos frescos presentan una consistencia excesivamente tierna y acuosa, con la consecuencia de romperse el queso al deformarse.

También la composición mineral de la leche puede verse influida por la alimentación. Los piensos procedentes de suelos pobres en cal y otras sales minerales pueden, entre otras causas, reducir la tasa de calcio presente en la leche. Pero por ser el calcio responsable en buena medida de la coagulación de la leche por el cuajo, su escasez puede provocar retrasos en la coagulación, coágulos blandos y deficiente sinéresis (exudación del suero). La adición de sales minerales al pienso y de calcio a la leche (también a la leche cruda) pueden constituir aquí una ayuda correctora. Como la tasa de proteína y de sales minerales de la leche influyen decisivamente en los buenos resultados de la producción quesera, al programar el racionamiento de las vacas debe prestarse gran atención al debido aporte de estos dos grupos de sustancias.

Premaduración de la leche

Cuando no sea posible dedicar diariamente leche fresca a la elaboración de queso, sino que deba almacenarse uno o varios días, conviene premadurar la leche. A tal fin se utiliza una pequeña cantidad de cultivo de bacterias acidolácticas (aprox. 0,1%), que se añade a la leche refrigerada. Esto tiene por objeto la «aclimatación» de las bacterias acidolácticas y también que sólo puedan multiplicarse escasamente. Con ello se logra, asimismo, cierta seguridad de que los gérmenes nocivos no proliferen mucho tras el almacenamiento, puesto que en la leche ya se encuentra gran cantidad de bacterias acidolácticas activas que inhiben a otros gérmenes. Pero también se evitarán las temperaturas de conservación demasiado altas (por encima de 10°C) y la siembra excesiva de cultivos bacterianos (más del 0,2%), con lo cual la leche ya no puede sobreacidificarse al día siguiente.

Con la premaduración de la leche no se producen cambios en la posterior elaboración de queso; en todo caso, sólo hay que reducir ligeramente la adición de cultivo, pero esto no es absolutamente necesario. Además, con la premaduración aumenta la aptitud de la leche para coagular con el cuajo, por lo que puede decirse que esta medida resulta muy ventajosa.

Cuando la leche se obtiene en condiciones higiénicas, puede conservarse en refrigeración uno o dos días, con objeto de reunir cantidad suficiente para iniciar una fabricación de queso. Sin embargo, no debe mezclarse la leche de más de dos días, puesto que entonces se corre el peligro de la sobreacidificación o envejecimiento.

Consideraciones microbiológicas

Todo nuestro entorno está habitado por diminutos seres vivos, que son los llamados microbios. Se encuentran en todas partes, incluidos superficie e interior de todos los seres vivos incluidos los humanos. Se hallan, asimismo, en las profundidades marinas y en manantiales calientes, en las grandes altitudes y en los hielos polares.

La zona térmica en que pueden vivir está comprendida por lo general entre 0 y 70°C. Formas de resistencia sobreviven a temperaturas muy altas (esporos, hasta 140°C).

En la transformación de la leche de campo resultan importantes tres grupos de microorganismos: bacterias, levaduras y mohos. Aquí trataremos con algún detalle sólo las bacteria. Su presentación cuantitativa en líquidos se expresa por ml (0,001, equivale a 10-15 gotas); en sustancias sólidas, por g; y en superficies, por cm^2.

Las bacterias miden por término medio 1 µ, por lo que no pueden apreciarse a simple vista. Por ser tan pequeñas, caben muchísimas en 1 ml, teóricamente 1 billón (1 billón = 1.000.000.000.000). Son estas cifras de tal magnitud, que no podemos ni imaginárnoslas. La comprensión resulta más fácil si recurrimos a una comparación. Si suponemos que una bacteria tuviese el tamaño de una pelota de tenis, un ml correspondería a un cubo de 750 m de arista. Este ml lleno de pelotas de tenis expresaría la cantidad de bacterias que caben en un ml. Por consiguiente, si en nuestra leche o en nuestros productos lácteos se encuentran cifras de gérmenes de 100 millones o más (lo que no es deseable que ocurra nunca), no se trata de ningún error de análisis ni de ninguna errata, sino que son cifras perfectamente posibles dentro de márgenes normales, dada la presencia en enorme cantidad de las bacterias.

Las bacterias se multiplican por bipartición celular, es decir, que la célu-

Tabla 2. Multiplicación de los gérmenes en condiciones óptimas.

Tiempo, en horas	*Gérmenes*	*Tiempo, en horas*	*Gérmenes*
Comienzo	1		
0,5	2	8	65.536
1	4	8,5	131.072
1,5	8	9	262.144
2	16	9,5	524.288
2,5	32	10	1,05 M
3	64	10,5	2,10 M
3,5	128	11	4,20 M
4	256	11,5	8,40 M
4,5	512	12	16,80 M
5	1.024	12,5	33,60 M
5,5	2.048	13	67,10 M
6	4.096	13,5	134 M
6,5	8.192	14	268 M
7	16.384	14,5	537 M
7,5	32.768	15	1,07 miles M

la bacteriana se estrangula en el centro y a partir de una se forman dos. Esto sucede con mucha rapidez en condiciones óptimas: aproximadamente de cada 30 minutos (Tabla 2).

El examen de la Tabla debe llenarnos de inquietud, al comprobar que a partir de una sola bacteria se ha formado un millón en el plazo de diez horas. Para poner freno a esta rápida velocidad de multiplicación y evitar que se alcancen tales cifras astronómicas, debemos crear las peores condiciones de vida a las bacterias presentes inevitablemente en nuestros productos. Premisas fundamentales para la fabricación de productos higiénicamente intachables y acordes con el Código Alimentario son por consiguiente el conocimiento y cumplimiento de las reglas fundamentales de higiene, limpieza y tecnología de la elaboración.

Grupos más importantes de gérmenes presentes en la leche

Por razones de simplificación, dividimos los gérmenes en «buenos» y «malos». Son buenos aquéllos que resultan deseables por ser necesarios para la elaboración de productos de buena calidad. Entre ellos se incluyen las bacterias acidolácticas. Gérmenes malos serán, por consiguiente, los indeseables, los microorganismos infecciosos que, como consecuencia de higiene deficiente, suciedad y prácticas tecnológicas erróneas, llegan a la leche o productos lácticos, donde pueden multiplicarse. Aquí se incluye el grupo de los gérmenes coliformes, especialmente *Escherichia coli,* estafilococos, pseudomonas, levaduras y mohos (aparte de los gérmenes patógenos, como salmonelas, listerias, yersinias y campilobácter).

Coliformes son bacterias fecales y de la suciedad, aunque también están presentes en el agua. Se encuentran prácticamente en todas partes, por lo que se utilizan como «gérmenes indicadores», es decir, microorganismos cuya presencia en gran número delata la práctica de un trabajo en malas condiciones higiénicas. Al multiplicarse generan gas, por lo que provocan la aparición de muchos «ojos» pequeños en el queso, que lo hacen esponjoso. La leche cruda nunca puede estar libre de gérmenes coliformes, pero trabajando con limpieza los gérmenes no pueden multiplicarse hasta el punto de constituir un peligro. Las cifras máximas permitidas varían según los países y, por añadidura, están siempre sujetas a continuas correcciones. De los límites actualmente en vigor darán razón las Autoridades bromatológicas competentes.

Escherichia coli *(E. coli)* es un germen fecal que, por tanto, sólo está presente en el intestino del hombre o animales y también en aguas contaminadas con heces fecales. Por ello, en caso de duda debe analizarse el agua. La presencia de *E. coli* denotará, por consiguiente, que existen graves deficiencias higiénicas. Este germen patógeno que provoca diarrea, con un cuadro clínico específico, cuando está presente en grandes cantidades.

Los **estafilococos** proceden de supuraciones, pero también se encuentran en las mucosas del espacio nasofaríngeo. Alrededor de la mitad de

Tabla 3. Grupos de gérmenes más importantes de la leche.

	Gérmenes buenos	*Gérmenes malos*
	Bacterias acidolácticas (BAL)	Coliformes *E. coli* Estafilococos Pseudomonas Levaduras Mohos
¿Cómo llegan al producto, cómo se ven favorecidos y por qué se multiplican?	Pertenecen a la flora buena de la leche cruda	Ordeño sucio Mala limpieza recipientes de la leche
	Adición cultivos, como leche acidificada, suero de leche, yogur, etc.	Trabajo sucio en la elaboración de los productos
	Limpieza e higiene	Higiene deficiente personal y locales
	Mantenimiento de la temperatura adecuada	Ninguna desinfección
		Mala refrigeración
		Temperatura inadecuada para BAL
		Ninguna BAL como freno
¿Cómo pueden evitarse?		Limpieza e higiene en ordeño y tratamiento de la leche
		Pasteurización de la leche
		Desinfección de utensilios antes de su empleo
		Acidificación rápida
		Buena higiene de locales y personal

las personas sanas tienen estafilococos en el espacio nasofaríngeo, por lo que se debe evitar toser o estornudar cuando se está trabajando con alimentos. Por añadidura, una especie en particular *(Staphylococcus aureus)* es responsable de enfermedades de la ubre (mamitis). Cuando se encuentra en un producto en grandes cantidades, provoca vómitos y diarrea.

Las **pseudomonas** están presentes en gran número en los recipientes de lechería insuficientemente limpios. Las pseudomonas son gérmenes psicrófilos (toleran bien el frío) que también se multiplican a bajas temperaturas. Desdoblan grasas y proteínas, por lo que provocan en los productos lácteos almacenados largo tiempo alteraciones del olor y sabor, al atacar los principios lipídicos y proteicos.

Las **levaduras** suelen llegar al producto en el curso de la elaboración, procedentes de utensilios poco limpios. Los signos de esta contaminación son olor ligeramente agrio y la presencia de manchas rojizas, amarillas o también de color castaño, que pueden llegar a hacer húmeda y viscosa la superficie del queso. El producto se considera alterado.

Los **mohos** llegan a la leche procedentes sobre todo del aire, para pasar luego a los productos. Aquí hay que vigilar especialmente la higiene de los locales. Algunos mohos producen toxinas (sustancias venenosas), capaces de penetrar hasta 10 cm de profundidad en el producto. El lavado o frotado de los mohos mejora el aspecto, pero el producto sigue considerándose alterado.

Medidas protectoras contra los gérmenes indeseables

Higiene del ordeño

La buena calidad de los productos comienza a generarse en el establo. Cuanto más limpia y pobre en gérmenes sea la leche obtenida, más fácil es evitar la presentación de defectos en los productos elaborados. La leche nunca puede obtenerse en el ordeño libre de microbios, pero es posible influir sobre su número, cumpliendo todos los requisitos exigibles para la obtención en condiciones de limpieza y buena higiene.

Esto comienza con el estado psíquico de la hembra. Un establo claro, limpio y bien ventilado, buena cama y parque suficiente influyen positivamente en el comportamiento de los animales. La limpieza escrupulosa de la ubre y conservar limpia la lana o el pelo circundantes, ayudan a mantener alejados gérmenes extraños durante el ordeño. Disponer de un lugar especial para el ordeño, a ser posible fuera del redil, no sólo facilita la operación del ordeño, sino que reduce también la amenaza de que se produzcan infecciones procedentes del aire. La limpieza a fondo e inmediata de los utensilios empleados en el ordeño y el frecuente recambio de las partes de goma de la máquina ordeñadora impiden la adherencia indeseable de restos de leche como fuente permanente de infección.

La leche debe tratarse inmediatamente después de su obtención, o bien refrigerarse enseguida, cuando se prevé un almacenamiento de cierta duración. Esto crea unas condiciones de vida desfavorables para los gérmenes responsables de infecciones, evitando así su multiplicación indeseable.

Higiene del tratamiento de la leche

En comparación con lo que sucede en las tareas de establo y el ordeño, en el tratamiento de la leche es más fácil trabajar con menor cantidad de gérmenes cuando, además de cumplir las exigencias higiénicas sobre los locales y el personal, se lleva a cabo la adecuada limpieza y desinfección de los utensilios empleados, así como una correcta técnica de elaboración.

El material mejor y más seguro para los recipientes y utensilios es el acero, aunque también resulta el más caro. El acero se limpia con máxima facilidad, tiene superficie lisa, en caso preciso resiste las sustancias limpiadoras más incisivas y, al ser el más duradero, resulta también económico.

Sin embargo, quien desee tener una primera experiencia con un producto nuevo o se inicie en el tratamiento de la leche, no debe invertir grandes sumas, sino valerse primero de otros utensilios y materiales. Pero también es fundamental evitar que los útiles a emplear no aparezcan abollados, rayados ni deformados. Hoyos, raspaduras y grietas son difíciles de limpiar, constituyendo focos de gérmenes infecciosos. Con el paso del tiempo, el plástico exhibe raspaduras, lo que obliga a renovar estos utensilios con más frecuencia. La madera se excluirá en lo posible del tratamiento de la leche, no sólo por mostrar superficie áspera en extremo, sino también por captar la humedad, ofreciendo con ello condiciones óptimas para la vida de los gérmenes nocivos.

Materiales como el aluminio o metales tornasolados son atacados por el ácido láctico, su superficie se vuelve áspera y los materiales pasan a la leche o a sus productos.

Por ello, en lugar de acero sólo sirven recipientes de materiales artificiales idóneos o recipientes esmaltados. Es importante disponer de superficies lisas, que permitan una fácil limpieza, así como que utensilios e instalaciones resistan la acción del calor en la desinfección, antes de iniciar la producción.

La correcta técnica de elaboración (temperatura y tiempo), acompañada de una rápida acidificación (mediante adición de leche ácida), contribuye también a reducir la presencia de gérmenes nocivos. La mayoría de los microorganismos indeseables presentes en los productos no toleran muy bien la acidificación, lo cual significa que, cuanto más son favorecidas o incluso añadidas las bacterias acidolácticas precisas para la fabricación de todos los productos, con mayor rapidez se desdobla la lactosa hasta ácido y menores oportunidades tienen los gérmenes indeseables para multiplicarse en abundancia. En un programa de investigación llevado a cabo en el Instituto Federal de Wolfpassing pudo evidenciarse cuán acusada es la influencia de una rápida acidificación sobre la multiplicación de los gérmenes coliformes.

Tabla 4. Análisis de la leche cruda.

Fecha	*Núm. total de gérmenes/ml*	*Coliformes/ml*
29.4.	4.300.000	27.000
13.5.	168.000	85
26.5.	1.330.000	1.330
9.6.	17.200	8
23.6.	86.000	50
9.7.	37.000	9
21.7.	62.500	38
4.8.	62.000	23
1.9.	66.000	110
18.9.	132.000	1.050
2.10.	68.000	117
16.10	167.000	1.700

Con un intervalo de dos semanas, se elaboró a lo largo de todo un período de lactación queso fresco a partir de leche cruda, una parte sin adición de bacterias acidolácticas y otra parte con incorporación de BAL en forma de leche acidificada. Ambos quesos se fabricaron a partir de la misma leche cruda y en las mismas condiciones.

Por descontado que la leche cruda destinada a la fabricación fue analizada para conocer su tasa de gérmenes coliformes. En la Tabla 4 se exponen los resultados del estudio en cuestión.

Los resultados de la investigación indican que se ha trabajado con una leche cruda muy buena, con pocos gérmenes. Por desgracia, al principio y al final de la lactación, la leche cruda mostró una carga algo mayor en gérmenes coliformes. Que esto se relaciona con la higiene del ordeño, lo indican las cifras del número total de gérmenes incluidas en la columna correspondiente de la Tabla 4.

Para fabricar queso fresco se añade cuajo a la leche y se deja reposar 14-18 horas. En este tiempo se produce la coagulación de la leche y la expulsión del suero. En el programa de investigación se observó el comportamiento de la leche en la acidificación.

Se apreció que en la leche a la que se habían agregado bacterias acidolácticas (leche cruda más cultivo) se registraba un rápido aumento de la acidez, mientras que en la leche sin cultivo no se apreciaba ningún tipo de acidificación en las primeras nueve horas siguientes. Sólo entonces se observa un rápido descenso del pH, de manera que, al cabo de 18 horas, no se aprecian ya diferencias significativas. ¿Qué significado tiene este hecho a efectos prácticos? La Tabla 2 (pág. 6), «Multiplicación de los gérmenes en condiciones óptimas», indica que sin «el freno ácido» la multiplicación de un solo germen nocivo sobrepasa en un plazo de 14 horas la cifra de 250 millones de gérmenes. La Tabla 5 recoge los resultados de un estudio efectuado sobre quesos.

El queso 1, sin adición de bacterias acidolácticas, sería prácticamente durante todo el año objeto de reclamaciones (ver en la pág. 7 los límites máximos permitidos), mientras que el queso 2, elaborado a partir de la misma leche cruda,

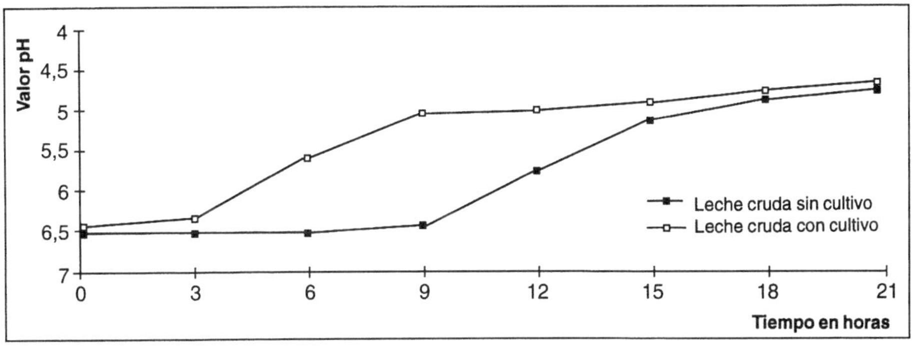

Gráfico 1. Curso seguido por la acidificación.

Tabla 5. Estudio del comportamiento de los gérmenes coliformes en quesos sin y con adición de cultivos.

Fecha	*Queso 1, gérmenes/g*	*Queso 2, gérmenes/g*
29.4.	28.000	540
13.5	2.980.000	< 10
26.5.	36.000.000	191.000
9.6.	45.000.000	< 10
23.6	1.770.000	60
9.7.	213.000	< 10
21.7.	17.100.000	143
4.8.	171.000.000	950
1.9.	16.000.000	6.200
18.9.	4.300.000	< 10
2.10.	2.900.000	9.900
16.10	270.000.000	570.000

más un 1% de cultivo añadido, se conservaba bien durante la totalidad del período de lactación.

Pero en ningún caso debemos caer en la tentación de descuidar limpieza e higiene «porque las bacterias acidolácticas lo arreglan todo». Solamente en combinación con un ordeño y un tratamiento intachables, en perfectas condiciones de limpieza e higiene, las bacterias acidolácticas pueden contribuir adicionalmente a la obtención de buenos resultados.

Higiene de locales y personal

A la higiene del tratamiento de la leche contribuyen asimismo unas adecuadas condiciones higiénicas de locales y personal. Debe prestarse particular atención a las circunstancias en que tiene lugar la transformación de la leche en el medio rural. Así, la cocina no es el lugar adecuado para obtener productos lácteos de la máxima calidad bacteriológica, puesto que las superficies de trabajo nunca se pueden limpiar y desinfectar perfectamente, se están manipulando constantemente junto a otros alimentos, como pan o carne, y, por añadidura, la cocina es considerada por todos los habitantes de la casa como cuarto de estar. El tratamiento de la leche debe realizarse, por tanto, en un recinto adecuado, convenientemente preparado al efecto.

¿Qué aspecto debe tener un local destinado al tratamiento de la leche?

El ideal sería tener embaldosados el suelo y las paredes, a ser posible hasta el techo, pero imprescindiblemente hasta una altura de 1,70 m. Sin embargo, suelo y paredes deben contar al menos con un revestimiento liso y lavable. Es imprescindible contar con un desagüe que tenga cierre de olores. El techo basta conque esté encalado; en lo posible, se evitarán los revestimientos de madera y de plástico. El techo de cemento y revestimiento impermeable al aire tiene el peligro de «sudar» y dejar caer gotas sobre los productos lácteos. Colocar en las ventanas rejillas contra las moscas y, siempre que sea posible, proteger las puertas de entrada contra el ingreso de estos mismos insectos, contribuye a evitar la producción de contagios por insectos voladores. Las mesas de trabajo y los utensilios no deben ser de madera; como mínimo, se revestirán de materiales lisos y lavables. El local debe estar bien ventilado y carecer de ángulos y rincones muertos donde pudiera acumularse humedad; con esto evitamos las infestaciones por mohos.

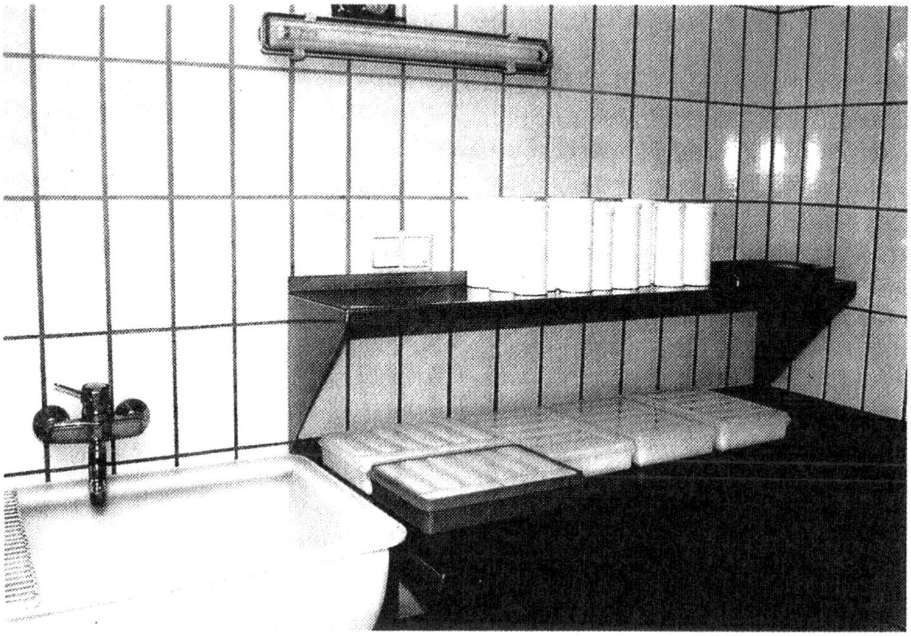

Figura 1. Vista de un local limpio para el tratamiento de la leche, con cubetas de desuerado preparadas para la elaboración de queso blando en rollos.

Neveras, compresores, material de embalaje y todas las cosas que no vayan a utilizarse inmediatamente en la elaboración de la leche, se colocarán en un local separado. Disponer de agua caliente y fría y de una pila suficientemente grande para limpiar los utensilios, y de lavabos con jabón desinfectante y toallas de un solo uso, forma parte todo ello de la dotación básica de un recinto de esta clase, así como una toma de agua para conectar la manguera que permita lavar el propio local. Al proyectar e instalar el local para el tratamiento de la leche, se cuidará sobre todo de contar con suficiente agua caliente, que será necesaria para desinfectar cada día todos los utensilios y recipientes en contacto con la leche; 100 litros de agua caliente se consumen con relativa rapidez.

Estos son los requisitos ideales que, de acuerdo con las circunstancias, resultan más o menos asequibles. Debe tenerse presente, sin embargo, que todo desvío de este ideal alberga el peligro de infecciones extrañas, que sólo con una impecable limpieza y grandes esfuerzos pueden mantenerse a raya. En la Ley de Higiene de la Leche (legislación germana) se describen exactamente las especificaciones que también deben cumplirse en la venta directa. Las normas para la venta directa se exponen en el Apéndice (a partir de la pág. 128).

Sin embargo, ¿de qué sirve el mejor y más completamente dotado local de trabajo, si se olvida la higiene del personal? Esta comienza con una vestimenta adecuada. Por descontado que se dispondrá de unas ropas especiales, sólo utilizadas en el tratamiento de la leche. Cuanto más se cambien y laven estas prendas, mejor. Esto se hace extensivo tanto a los zapatos como a los cubrecabezas. Los zapatos de calle no deben entrar en el local de transformación de la leche, así como tampoco el paño de cabeza que se lleva en los trabajos realizados en el establo. Precisamente a la cobertura de la cabeza se le concede muchas veces escasa importancia. Tres cabellos en la cabeza son relativamente poca cosa, pero tres cabellos en la leche son relativamente mucho, puesto que los cabellos están muy cargados de microorganismos. Pero tampoco nuestra piel puede estar nunca exenta de gérmenes. Por ello, también debe concederse máxima atención al regular lavado de manos antes de iniciar los trabajos de elaboración o siempre que se toquen cosas sucias. Precisamente la piel de las manos tiene muchas estrías, pliegues y surcos, que constituyen focos de proliferación de bacterias. La temperatura corporal y la humedad de la piel ofrecen condiciones de vida ideales a los gérmenes nocivos. La fuerte carga bacteriana de una mano aparentemente limpia, pero sin lavar, se pone de manifiesto en el laboratorio:

Se recurre a cultivar sobre medios nutritivos colonias de bacterias. Estos medios son masas de aspecto gelatinoso vertidas en cápsulas de cristal y que ofrecen a los microorganismos una combinación ideal de nutrientes. De acuerdo con los principios nutritivos que contengan, pueden evidenciarse sobre ellos grupos específicos de bacterias. Para ello, se comprime la mano contra uno de estos medios nutritivos. Como consecuencia del contacto, quedan adheridos a la superficie del medio gérmenes invisibles a simple vista. A continuación se incuba el medio durante varias horas en una estufa de cultivo. En tales condiciones ideales, las bacterias se multiplican con tanta rapidez, que en todos aquellos puntos en que había una única célula bacteriana, se hacen visibles en breve tiempo colonias integradas por millones de bacterias.

La comparación de las cuatro fotografías que se adjuntan indica que una mano sin lavar contiene muchas bacterias, cuyo número se reduce mediante lavado con jabón, pero sin poder eliminarlas por completo. Sólo el empleo de un jabón desinfectante proporciona resultados satisfactorios. A esto debe seguir el secado de las manos, pero no con una toalla de utilización repetida. El estudio indica que ésta se encuentra muy cargada de bacterias, que prácticamente volverían a contaminar las manos. Están indicadas, por tanto, toallas de papel de un solo uso o la aplicación de aire caliente generado por un secador de manos. Como las manos contactan con muchas cosas contaminadas en el transcurso del día, volviendo las manos limpias a cargarse de gérmenes, se comprende la necesidad de tener que lavar las manos con frecuencia: vale más pasarse por exceso que quedarse corto. Antes de comenzar las tareas, también conviene quitarse los adornos, como anillos, pendientes, pulseras o relojes. El estrecho espacio que queda entre un anillo y la piel puede no ser perfectamente accesi-

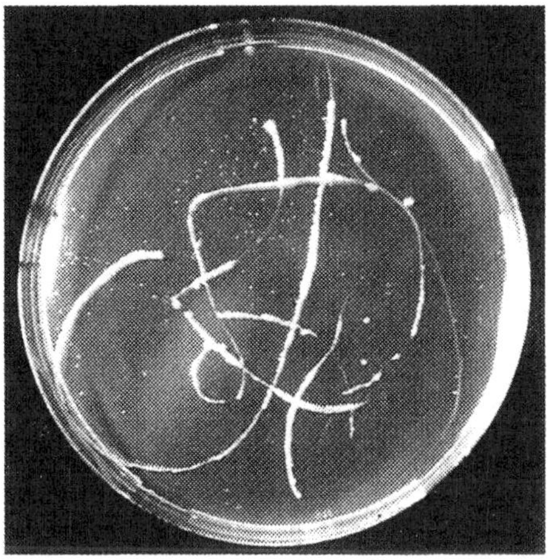

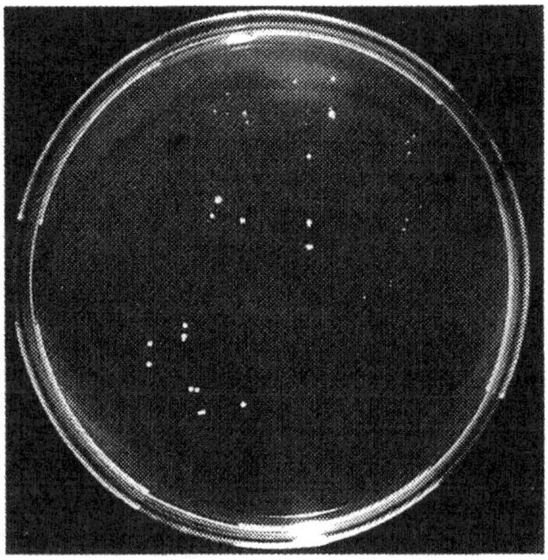

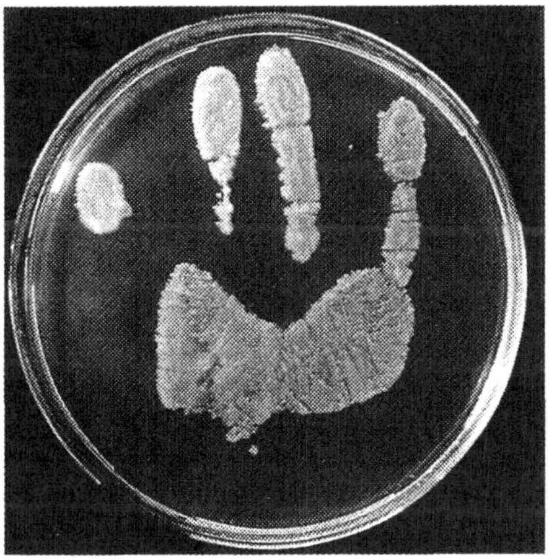

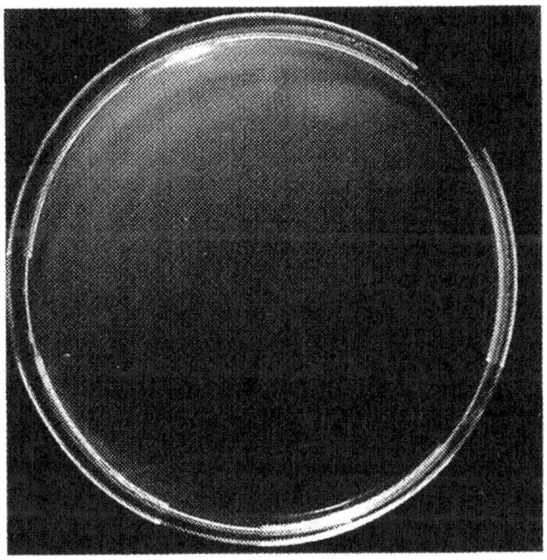

ble en el lavado de las manos. La carga bacteriana se encuentran estos objetos, viene indicada por los análisis efectuados en el laboratorio.

Todas estas exigencias pueden parecer un tanto excesivas. Pero, como alrededor del 80% de las alteraciones tienen origen microbiológico, queda justificada la extensión concedida a este capítulo. El objetivo debe ser siempre cumplir la mayor parte de estos requisi-

Figura 2. (Izq. arriba) Pelos en una placa de medio nutritivo. Se aprecia la gran carga bacteriana que aportan los pelos.

Figura 3. (Izq. abajo) Impresión de una mano sin lavar.

Figura 4. (Der. arriba) Impresión de una mano bien lavada.

Figura 5. (Der. abajo) Impresión de una mano lavada con jabón desinfectante.

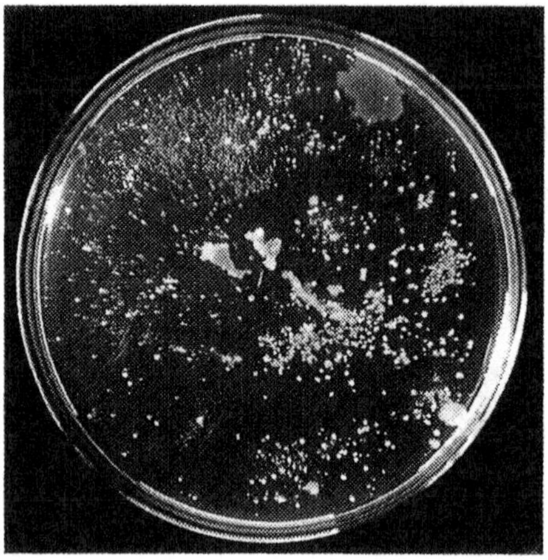

Figura 6. Toalla cargada de gérmenes.

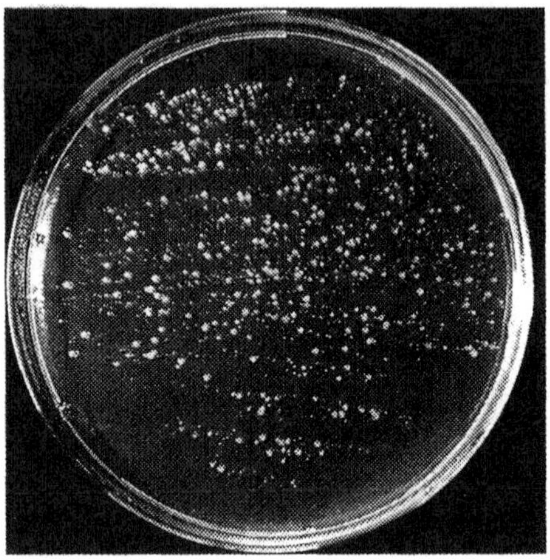

Figura 7. Impresión de la manivela de una puerta.

tos, pese a lo cual nunca pueden alcanzarse en su totalidad, no sólo en la casa de campo, sino tampoco en los establecimientos lecheros. Sin embargo, esto no debe desanimarnos. Quien sienta debilitarse su sano sentido de la limpieza e higiene, debe acordarse de vez en cuando de esos pequeños seres invisibles que son los gérmenes y de sus actividades, y siga dando pasos adelante sin desmayo en su empeño de cumplir los requisitos microbiológicos y elaborar productos de la máxima calidad bacteriológica.

Limpieza y desinfección

Además de la adecuada higiene de locales y personal, corresponde gran importancia a una limpieza y desinfección correctas. Los medios de limpieza de una cocina no son suficientes para el tratamiento de la leche. El modelo debe ser el tipo de limpieza llevada a cabo con éxito en los establecimientos que manipulan alimentos. No menos estricto debe ser el criterio aplicado a nuestro local de transformación de la leche.

Reglas para una limpieza adecuada

- Enjuagar a fondo los utensilios inmediatamente después de su uso. Con esto se eliminan las suciedades groseras y luego la solución limpiadora deja sentir mejor su efecto. En el enjuagado no debe emplearse agua demasiado caliente, pues de ser así se coagulan los residuos de proteína, que después resultan de muy difícil eliminación.
- Utilizar sustancias limpiadoras industriales, como las empleadas en las salas de ordeño. Los productos limpiadores domésticos son demasiado caros y frecuentemente poco eficaces. Todas estas sustancias se aplicarán en las dosis prescritas por las firmas fa-

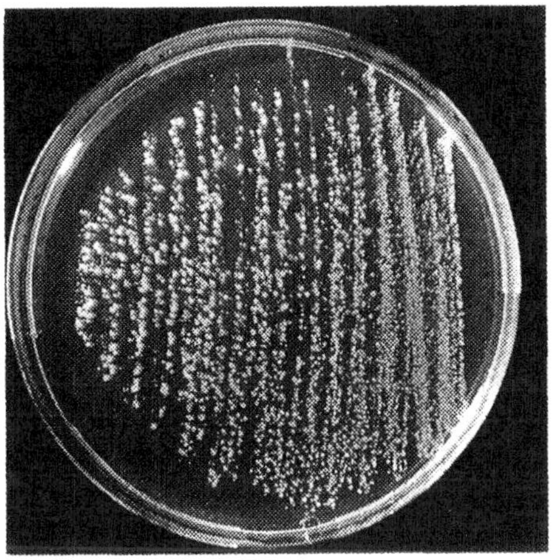

Figura 8. Impresión de un auricular telefónico.

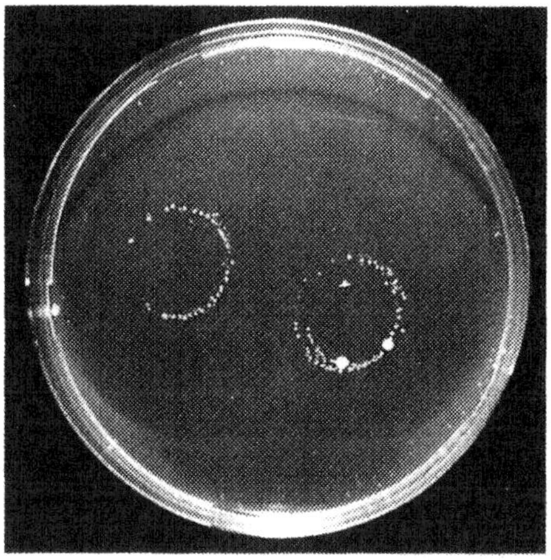

Figura 9. Sortijas.

bricantes. Un excesivo concepto del ahorro puede tener fatales consecuencias sobre la persistencia.

- La solución limpiadora se aplicará lo más caliente posible (40-45°C), con lo que se eliminan también los residuos grasos.
- No olvidar la necesaria limpieza mecánica: no acariciar, sino cepillar enérgicamente.
- Utilizar en la limpieza cepillos adecuados (cepillos de mano y de tubo). Dan buenos resultados las escobillas de plástico. No limpiar nunca con paños de plástico («wettex» o materiales semejantes). Estos paños tienen muchos poros finos, en los que se acumulan partículas microscópicas de suciedad.
- Se dedicará atención a los rincones, cantos, depresiones y puntos de unión. Se pondrá particular interés en la limpieza de las «liras» metálicas para cortar la cuajada.
- Después de la limpieza, se enjuagará abundantemente con agua tibia, con objeto de eliminar restos de productos limpiadores que pudieran originar luego trastornos en la producción.
- Comprobar con la vista el buen estado de limpieza y eliminar posibles suciedades recalcitrantes con una nueva aplicación de lejía.
- También es conveniente una vez al mes incluir una fase de acción de ácidos, con la que se eliminan costras de leche y otros residuos y se restituye a las superficies su lisura.
- Una vez limpios, los recipientes deben volcarse y dejarse secar. De esta manera se priva a los gérmenes del agua que necesitan para sobrevivir.
- Los utensilios y todas las partes que vayan a contactar con la leche se desinfectarán con agua a 80°C antes de su empleo. Un método sencillo y que economiza de agua consiste en llenar una tina con agua caliente e introdu-

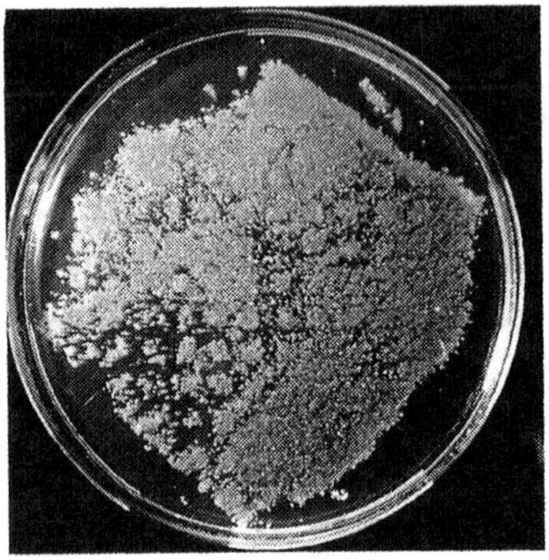

Figura 10. Paño (tipo «Spontex») cargado de gérmenes.

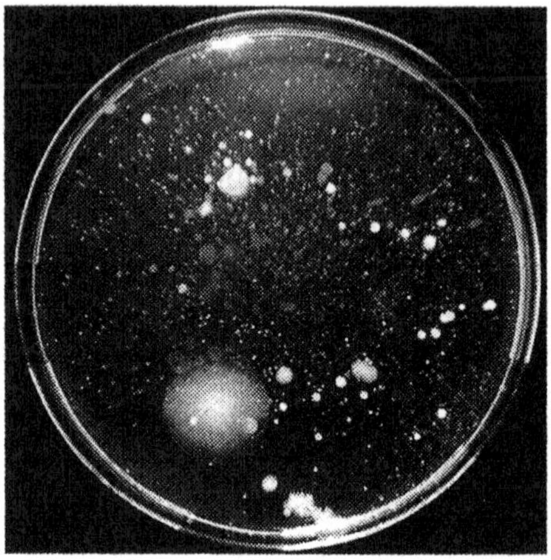

Figura 11. Frotis de una mesa de trabajo «limpiada» con un paño (tipo «Spontex»).

cir en ella todos los utensilios necesarios para el tratamiento de la leche. Luego, para su utilización, se extraen directamente del agua caliente. En el curso de la fabricación de queso, el agua se enfría un poco, pero sigue prácticamente estéril. En caso de introducir utensilios visiblemente sucios y sin desinfectar en el agua ya algo enfriada, ésta debe sustituirse por agua caliente nueva.

La desinfección con agua caliente es suficiente. En la casa de labor no es necesario emplear productos químicos.

¿Leche cruda o leche pasteurizada?

Utilizar leche cruda o leche pasteurizada es cuestión personal, que cada uno debe decidir por sí mismo. Aquí sólo procede exponer las ventajas e inconvenientes de ambas. Además hay que tener presente la legislación bromatológica, que impone ciertas limitaciones (ver pág. 130).

En principio, todos los productos lácteos pueden elaborarse a partir tanto de leche cruda como de leche calentada. Si la leche se calienta, debe alcanzar lo antes posible una temperatura de 68-70°C, e inmediatamente después ser enfriada. Esto equivale al tratamiento térmico y reducción de la tasa de gérmenes que se consigue en la pasteurización efectuada en los establecimientos industriales lecheros. La leche destinada a la fabricación de queso no debe calentarse por encima de los 70°C, pues en otro caso es imposible la fabricación. Además, el calcio de la leche, necesario para la coagulación con cuajo, resulta inmovilizado por el calentamiento. De aquí que, para la elaboración de queso, deba añadirse calcio en forma de sal (cloruro cálcico). (Ver también el punto «Precipitación por el cuajo», pág. 23). Es suficiente la cantidad de 1 g de cloruro cálcico por 10 litros de leche. Además, cuando se trabaje con leche pasteurizada, es imprescindible añadir bacterias acidolácticas, ya que éstas son destruidas a la vez que los gérmenes nocivos en el calentamiento. Pero esta incorporación de bacterias acidolácticas es también recomendable en el tratamiento de la leche cruda, por lo que esto no puede considerarse ningún inconveniente (ver también el punto «Higiene del tratamiento de la leche, pág. 9).

Leche calentada

Ventajas

- Se reduce al mínimo el número de gérmenes indeseables.
- Mueren todos los gérmenes patógenos (causantes de enfermedad) eventualmente presentes.
- Se asegura que en el tratamiento higiénico sólo actúen favorablemente las bacterias acidolácticas adicionadas.
- Se asegura la producción; esto significa que los defectos de elaboración son pocos o ninguno.
- Se obtienen productos de calidad uniforme.
- Se registra menor número de anomalías en el análisis bromatológico

Inconvenientes

- Es necesario añadir cloruro cálcico al fabricar el queso (en Austria no es necesario declarar esta incorporación).
- Ligero desvío del sabor típico de la especie.

Leche cruda

Ventajas

- Aroma típico de la especie.
- Sensación de «producto natural».

Inconvenientes

- Mayores riesgos en la transformación de la leche.
- Peligro de defectos en la producción, causados por gérmenes nocivos
- Mayor probabilidad de reclamaciones.
- Peligro de contagio por gérmenes patógenos presentes en el producto y procedentes de la leche.

Proteína de la leche

Las proteínas desempeñan importante papel en la transformación de la leche. En los productos de leche ácida son responsables de la consistencia, es decir, de la firmeza o granulosidad de la leche acidificada y coagulada. En la fabricación de queso, como resultado de la exudación de mayor o menor cantidad de líquido, el suero, se produce además la concentración de la proteína, generándose así los muchos tipos de queso.

Cuando la leche se coagula por efecto de la acidificación o del cuajo, la proteína modifica su estado y precipita. La expulsión de líquido (suero) resulta favorecida por muchos factores, como el corte de la masa de cuajada, una temperatura adecuada, el paso del tiempo, procesos de acidificación, etc. Combinando estos factores se logra un queso blando o duro. Otros factores frenan a su vez la exudación del suero, lo que se

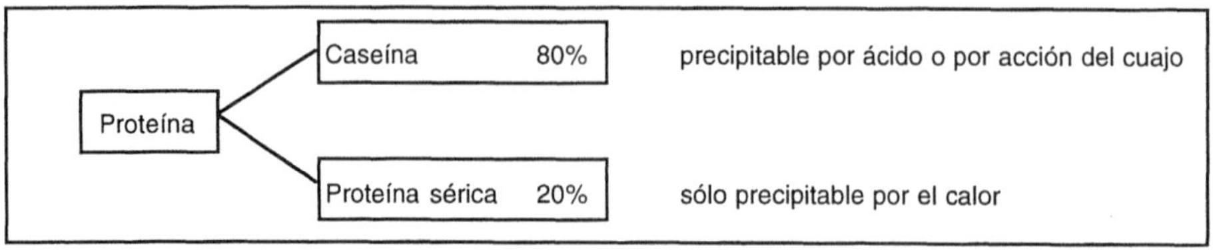

Gráfico 2. Composición proteica.

aprovecha, por ejemplo, en la fabricación de yogur. De acuerdo con cuál sea el producto que se pretende elaborar, deben tenerse en cuenta, por tanto, estos factores con influencia en el espesamiento, coagulación y desuerado, si deseamos conseguir productos de alta calidad.

Composición proteica

Desde el punto de vista de la transformación de la leche, las proteínas se encuentran formadas por dos grandes componentes: la caseína, o sustancia que propiamente forma el queso y las llamadas proteínas del suero. Estos últimos componentes proteicos (fracciones de globulina y albúmina) no pueden obtenerse en forma de queso, sino que, como su nombre indica, se hallan contenidos en el suero. La caseína constituye alrededor del 80% de toda la proteína de la leche; la proteína sérica, en torno al 20%. Esta proporción no se modifica durante la lactación.

Ambos componentes presentan propiedades básicamente distintas. La caseína puede ver modificado su estado por los ácidos o por el cuajo, lo que equivale a decir que precipita, y por tanto puede separarse, cosa que no sucede en el caso de las proteínas séricas. Por consiguiente, estas últimas se pierden con el suero en la fabricación del queso. La proteína sérica sólo puede precipitarse mediante el calor, o, dicho con otras palabras, es termolábil. En cambio, la caseína es termoestable, por lo que el calentamiento de la leche sólo la modifica escasamente, sin llegar a precipitar. La famosa capa espesa que se forma durante la cocción de la leche está constituida por proteínas séricas precipitadas; siempre que se trate de leche entera, también contiene naturalmente grasa incluida, que, en virtud de la evaporación superficial, se hace visible como una película. Debido a este alto contenido de grasa, la capa espesa se denomina erróneamente en muchas regiones «nata», pese a que no tiene nada que ver con ésta en sentido estricto, puesto que está constituida fundamentalmente por componentes proteicos.

El hecho de que caseína y proteínas séricas muestren distinto comportamiento frente el calor y presenten con características distintas de precipitación, reviste gran importancia en el tratamiento de la leche, por lo que es conveniente su estudio con más detalle.

Proteína sérica

La proteína sérica comienza a precipitar a temperaturas de 70°C o más. Se

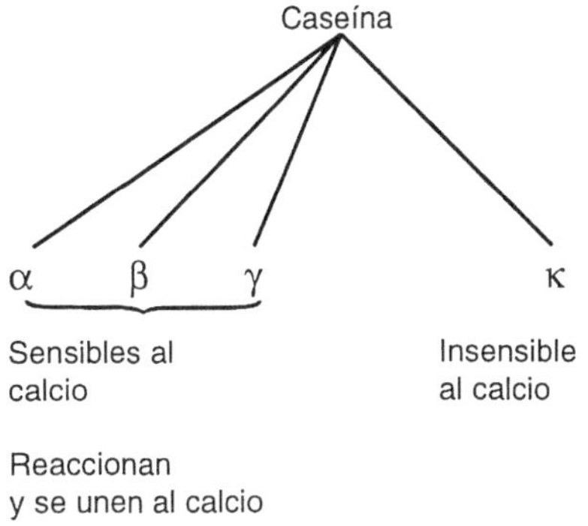

Gráfico 3. Componentes principales de la caseína.

trata de una relación temperatura/tiempo. Cuanto más baja sea la temperatura (próxima a los 70°), más tiempo se necesita para precipitar la misma cantidad de proteína sérica. En la bibliografía especializada se pueden encontrar muchas informaciones sobre este punto. Pero aquí nos basta con saber que, con una temperatura de 75°C y un tiempo de calentamiento próximo a 1 hora, se consigue precipitar la misma cantidad de proteína sérica que con 90°C durante 10 minutos. La proteína sérica tiene, entre otras propiedades, una alta capacidad de fijación de agua, pudiendo captar una cantidad de agua próxima al 80% de su propio peso. Esta circunstancia se aprovecha en la fabricación de productos de leche ácida. Precisamente en productos como la leche acidificada, nata fermentada o yogur resulta indeseable que la cuajada pierda excesiva cantidad de suero. Con un fuerte calentamiento de la leche a temperaturas superiores a 70°C, mantenidas durante el tiempo necesario, precipitan las proteínas del suero y retienen gran cantidad de agua . Así se dificulta la separación de suero, a la vez que aumenta la solidez de la leche coagulada. De aquí la conveniencia en la preparación de estos productos de calentar intensamente la leche de partida.

En cambio, en la fabricación de queso no debe calentarse tan fuertemente la leche, puesto que aquí es deseable la expulsión del suero. Adicionalmente, el calentamiento intenso de la leche reduce la capacidad de ésta para coagular por acción del cuajo, con lo que ya no es posible cuajar la leche y la posterior fabricación de queso.

Caseína

Este componente proteico está constituido por diversos integrantes fundamentales, que se designan con letras griegas. Los más importantes son las caseínas α, β y γ, así como la caseína κ. Las caseínas α, β y γ son sensibles al calcio; esto quiere decir que dichos componentes principales reaccionan en presencia de este elemento, con el que forman compuestos que precipitan, provocando la coagulación de la leche.

Ahora bien, como en la leche hay a la vez calcio y caseína α, β y γ, teóricamente la secreción debería coagular ya en la ubre y nosotros podríamos ordeñar de un pezón el queso y de otro el suero. Pero esto no sucede así. Para que la proteína, y en particular la caseína, se mantenga estable en la leche fresca, debe existir por tanto un mecanismo protector de la caseína α, β y γ frente al calcio. Esta protección corre a cargo de la caseína κ, que es insensible al calcio. Así, la caseína κ forma una especie de revestimiento protector en torno a las caseínas sensibles al calcio, impidiendo que las caseínas α, β y γ reaccionen con éste. De esta manera se mantiene estable la proteína en la leche.

Estructura de la caseína

En resumen, una partícula de caseína (micela de caseína) tiene la siguiente estructura:

Las caseínas α, β y γ ocupan el centro de una formación esferoidal, cuyo exterior está formado por la capa protectora de caseína κ. Esta última tiene una parte hidrófila cargada negativamente, el llamado glucomacropéptido, orientado hacia fuera (hidrófilo significa que atrae y fija agua). Por ello, las micelas de caseína están en condiciones normales rodeadas por una capa de agua, que constituye a la vez un revestimiento protector. Esta capa de agua y la porción con carga negativa de la caseína κ son las encargadas de la fina distribución de la caseína en la leche. Por estar todas las micelas de caseína rodeadas de cargas negativas y repelerse entre sí las cargas del mismo signo (igual que sucede con los polos de un imán), la caseína, es

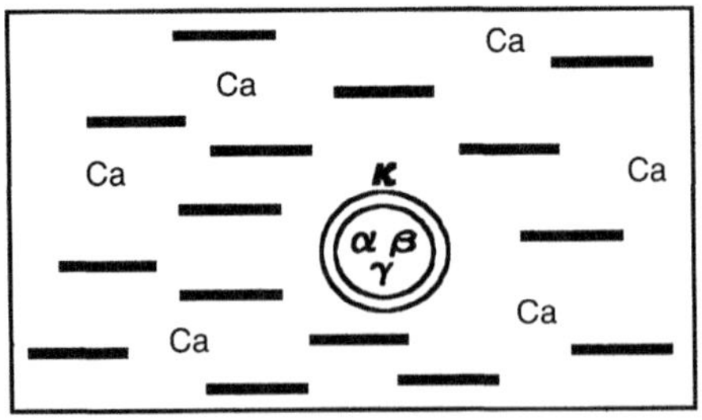

Gráfico 4. Micela intacta de caseína rodeada de calcio.

decir la proteína, permanece siempre en suspensión.

El grosor de la capa de agua que envuelve las micelas de caseína depende del valor del pH, de la composición de sales minerales y de la temperatura. Cuanto más baja es la temperatura de la leche, más gruesa es la capa hídrica y mayor es la acción protectora frente al calcio.

Precipitación de la caseína

Para que la caseína precipite, es decir, para que cambie de estado, deben modificarse las estructuras antes descritas. Esto puede lograrse de dos maneras: añadiendo ácido o incorporando cuajo.

Precipitación ácida

Por precipitación ácida se entiende el espesamiento de la leche, es decir, la coagulación de la caseína, solamente por efecto de un ácido. Este puede formarse por desdoblamiento de la lactosa hasta ácido láctico bajo la acción de bacterias acidolácticas, o también mediante adición de ácidos minerales (por ej., ácido clorhídrico). En ambos casos sucede lo mismo. Si se contempla la fórmula química de un ácido, se advierte que la molécula tiene siempre un átomo de hidrógeno cargado positivamente (por ej., el ácido láctico: $H_2CO_3COOH^+$). Cada átomo de hidrógeno con carga positiva de los ácidos presentes en la leche fija una carga negativa de caseína κ, compensando así el exceso de cargas negativas de la caseína. Las micelas de caseína pierden así su envoltura hídrica. Con una determinada concentración de iones de hidrógeno positivos se equilibra el número de cargas positivas y negativas. Como consecuencia de este estado «neutro», no existe ya repulsión mútua entre las micelas de caseína, la proteína se hace inestable y se deposita al unirse las micelas entre sí, es decir, precipita. Este momento recibe el nombre de «punto isoeléctrico». Tal depósito espontáneo de las micelas de proteína proporciona una cuajada muy fina y delicada.

El pH en que se alcanza el punto isoeléctrico depende de la temperatura. Cuanto más baja es la temperatura, más bajo es también el valor del pH. En condiciones normales (20-30°C), este pH es de 4,9-4,6. El punto isoeléctrico se reconoce en que la leche pasa del estado líquido al sólido.

Es interesante saber que la precipitación ácida de la caseína es un proceso reversible (= que admite la inversión). Agregando lejía, vuelven a existir cargas negativas en la caseína y cuando hay suficiente número de éstas, las micelas de caseína se repelen de nuevo entre sí, restaurándose la misma situación de la leche fresca. La leche coagulada por efecto del ácido se vuelve a hacer líquida, no pudiendo diferenciarse a simple vista de la leche fresca, ya que en la precipitación ácida sólo se suprimió la carga negativa de la superficie de las micelas de caseína, pero permaneciendo la propia micela inalterada. Este proceso sólo puede evidenciarse mediante análisis químico.

Precipitación por el cuajo

Esta precipitación consiste en la coagulación de la leche , es decir, la precipitación de la caseína, por efecto del cuajo. Este último, en estado líquido o en polvo, contiene un microfactor (enzima) que tiene la propiedad de escindir la porción hidrófila de la caseína κ.

Con la hidrólisis de la caseína κ se pierde la parte hidrófila, o sea, la envoltura hídrica y con ello se pierden las cargas negativas. Con esto se pierde también la capa protectora frente al calcio, y las caseínas sensibles a este elemento reaccionan con el mismo. Se forman así los llamados puentes de sales de calcio.

Estos compuestos se generan en las tres dimensiones de una red tridimensional; el conjunto adopta aspecto esponjoso y la leche se coagula.

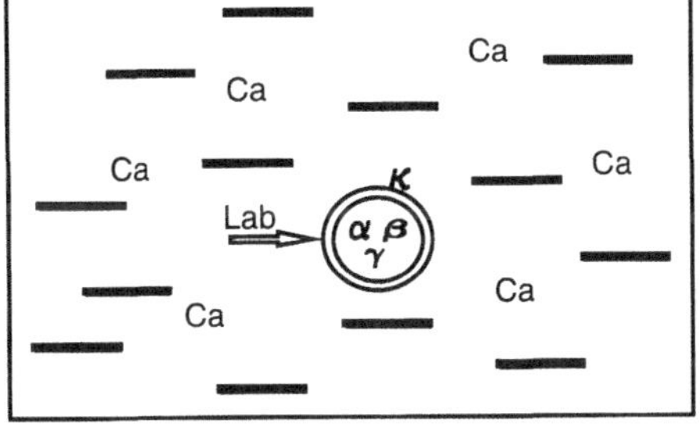

Gráfico 5. Escisión de la caseína κ.

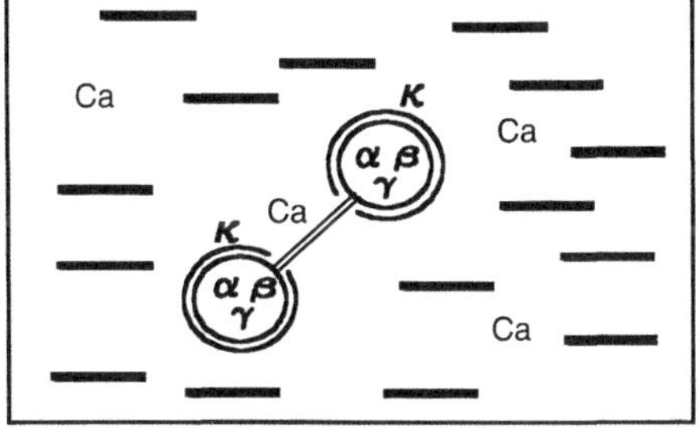

Gráfico 6. Formación de un puente salino.

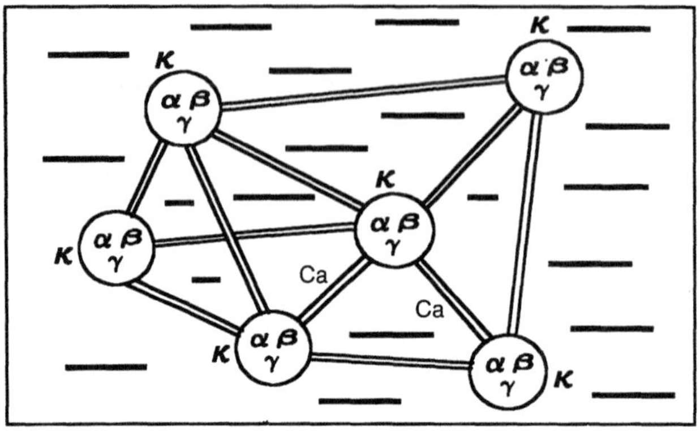

Gráfico 7.
Red tridimensional.

En los espacios huecos de este entramado hay agua, que lleva disueltos diversos componentes de la leche, como azúcar y sales minerales; también incluye grasa. Este es el suero. La leche recién coagulada tiene normalmente tendencia a compactarse por reducción de los espacios de unión entre las micelas de caseína y multiplicación de los puntos de unión, es decir, tiende a encogerse.

Como los líquidos no pueden comprimirse, el suero es expulsado en esta contracción. De acuerdo con la solidez de los puentes salinos o con las fuerzas de estos enlaces, y bajo la influencia de la temperatura, tiempo y acidificación, se produce un desuerado mejor o peor. La constitución de los puentes salinos depende de la cantidad de calcio presente en la leche; por su parte, la intensidad de la fuerza de contracción depende de la temperatura y acidificación. Cuanto más elevada es la concentración de calcio, más alta la temperatura y más perfecta la acidificación, más cantidad de suero se expulsa.

En la fabricación de queso, la retracción de la estructura cálcica, y con ello el desuerado, se ve favorecida todavía

Gráfico 8. Retracción del retículo tridimensional.

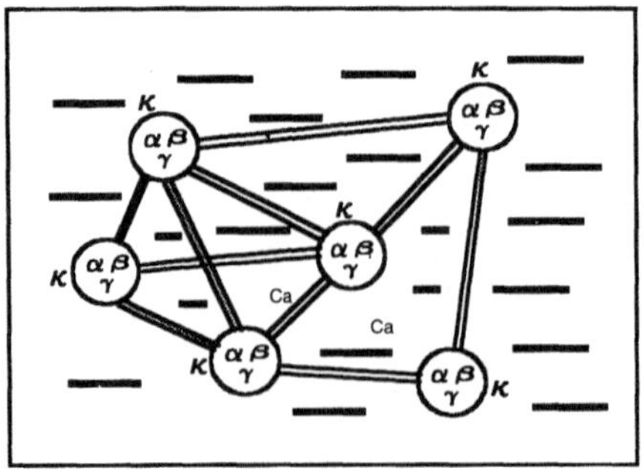

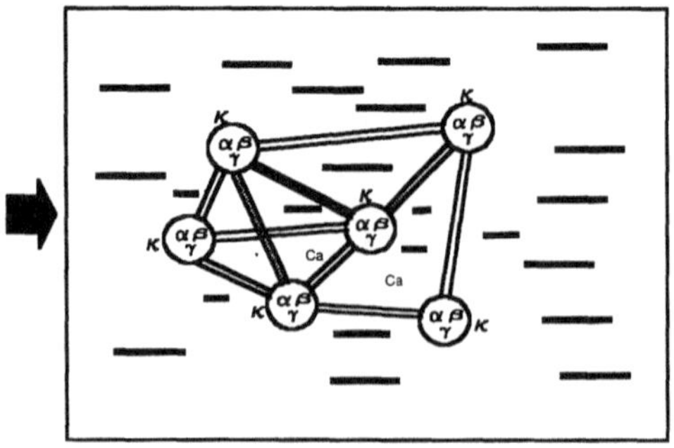

más con la fragmentación del coágulo, agitación y calentado de la mezcla suero-cuajada.

La coagulación con cuajo se produce en la forma descrita a temperaturas entre 20 y 40°C. A otras temperaturas se producen influencias que alteran el proceso.

En términos técnicos, se distinguen tres fases en la coagulación por el cuajo:

Fase enzimática: La primera fase es la enzimática, en la cual el enzima separa la caseína κ. Dura desde la adición del cuajo hasta el inicio de la formación de los puentes calcio-salinos (ver los Gráficos 4 y 5 en pág. 22 y 23).

Fase reticular: En la segunda fase o fase reticular se forman los puentes salinos, y a continuación una estructura reticular tridimensional (ver Gráficos 6 y 7 en págs. 23 y 24).

Fase de sinéresis: La retracción de los puentes calcio-salinos y el consecuente desuerado constituyen la tercera fase de la coagulación por el cuajo o fase de sinéresis (sinéresis = expulsión del suero; ver Gráfico 8 en pág. 24).

En la práctica de la fabricación de queso, encontramos sin embargo con más frecuencia otras denominaciones de estas tres fases. Así, la fase enzimática se denomina tiempo de floculación, que es el plazo transcurrido entre la adición del cuajo y el inicio de la coagulación de la leche.

A su vez, el tiempo contado desde la incorporación del cuajo hasta que la leche se espesa (coagula) y se puede iniciar el trabajado de la cuajada (cortado de la masa coagulada en cubos), recibe el nombre de tiempo de coagulación, comprendiendo por consiguiente las fases enzimática y reticular. A este respecto, podemos aplicar la siguiente regla general:

Tiempo de floculación × 2 (hasta 2,5) = tiempo de coagulación.

La fase de sinéresis comienza con el corte de la cuajada y se prolonga hasta el total desuerado del queso. Comprende por tanto el tiempo de desuerado propiamente dicho, así como la salida del suero en los moldes o en la prensa.

Cada una de las tres fases mencionadas está sujeta a la influencia de diversos factores. Estos pueden actuar solamente sobre una o dos fases, pero también sobre las tres fases de la coagulación enzimática, influyendo de esta manera sobre la elaboración del queso. Conociendo los procesos que tienen lugar en esta coagulación, se comprende la influencia de la cantidad de fermento, de la temperatura y de la acidificación, del contenido de grasa o de un calentamiento intenso de la leche. La aplicación de estos conocimientos teóricos en la práctica permite fabricar en cualquier momento quesos de la consistencia deseada, con sólo llevar a cabo un desuerado mayor o menor, y también evitar trastornos en la producción, lo que equivale a obtener quesos sin alteraciones.

Factores que influyen en la coagulación enzimática y en el desuerado

Cantidad de cuajo

Con la cantidad de cuajo a añadir se regula el tiempo deseado de coagulación. Cuanto mayor sea la cantidad de cuajo incorporado, más corto será el tiempo de floculación, puesto que entonces se dispone de mayor cantidad de principio activo. En cuanto a la coagulación de la leche, depende en realidad del contenido en calcio de la misma, por lo que no se ve influido por una mayor incorporación de cuajo. Por depender el desuerado de la fuerza de los puentes calcio-salinos, tampoco la adición de mayor cantidad de cuajo proporciona un mejor desuerado. Se evitará añadir grandes cantidades de cuajo, pues ello podría luego conferir a los quesos sabor amargo.

Temperatura

Cuanto más elevada es la temperatura (20-40°C), más cortos son los tiempos de floculación y coagulación. A menos de 20°C es muy escasa la acción del cuajo, y por debajo de 10°C ya no se produce prácticamente ningún entramado a base de puentes calcio-salinos. De esto es responsable la capacidad fijadora de agua a la caseína; dicha capacidad depende a su vez de la temperatura, resultando más intensa cuanto más baja es ésta. Por debajo de 10°C es tan gruesa la capa de agua que envuelve a la caseína, que desarrolla acción protectora de las caseínas α, β y γ frente al calcio. Entonces no puede producirse ningún entramado. Si vuelve a subir la temperatura, la capa de agua es menor y se instauran puentes salinos. Tampoco por encima de los 40°C se produce ninguna coagulación, pues en este caso el principio activo que es el cuajo resulta inactivado y destruido.

Sucede lo mismo en el desuerado. Cada aumento de un grado térmico refuerza la capacidad de contracción de los puentes calcio-salinos, con lo que se favorece el desuerado. Esta es también la explicación de que en el curso del proceso de fabricación de quesos de corte y de quesos duros se vuelva a calentar con posterioridad, con objeto de obtener piezas más consistentes y duras.

Valor del pH (grado de acidez)

Cuanto más intensa sea la acidez (lograda mediante adición de bacterias acidolácticas), con mayor rapidez discurren los procesos de coagulación y espesamiento de la leche, y mejor es asimismo el desuerado.

Muchos problemas que se presentan en el transcurso de la maduración de los quesos son atribuibles a una acidificación deficiente, como por ejemplo los quesos húmedos. Cuando los quesos se depositan en la sala de maduración antes de haber finalizado la acidificación, la conclusión de ésta en el curso de la maduración de los quesos hace que éstos exuden suero, por lo que las piezas muestran la superficie excesivamente húmeda, lo que a su vez dificulta la maduración.

Dos palabras sobre el pH: El pH es una manera de medir y expresar que un producto es ácido o alcalino. El pH solamente indica la acidez efectiva (real); no incluye a todos los componentes de reacción ácida de un producto.

La escala de pH va desde 0 a 14, con 7 como punto neutro. La zona alcalina va desde 7 a 14, y de 0 a 7 la zona ácida. En el tratamiento de la leche, solemos trabajar en la zona de 4 a 7.

Por expresar el pH sólo la acidez real, no se ve influido por la tasa de proteína, ni por el contenido de sal del producto objeto de la medición. Por esto, las cifras analíticas pueden compararse mejor entre sí; también pueden determinarse sin tener conocimiento de cuál sea el contenido de proteína, por ejemplo para saber el estado de frescura de una leche. La manera más sencilla de medir el pH en la quesería es utilizar tiras de papel indicador. Los medidores eléctricos son relativamente caros y deben cuidarse bien.

Para una mejor comprensión, en la Tabla adjunta se incluyen los valores de pH de algunos productos lácteos:

Productos	*pH*
Leche fresca	6,6-6,7
Leche ácida	4,2-4,4
Yogur	4,0-4,2
Requesón	4,3-4,5
Queso blando sin madurar	4,8-4,9
Queso de corte, sin madurar	5,1-5,3
Queso blando, madurado	5,5-6,0
Queso de corte, madurado	5,4-5,6
Leche de vaca con mamitis	superior a 6,8*

* Valores altos de pH en la leche fresca indican la existencia de afecciones mamarias

Contenido de grasa

Cuanto más alta es la proporción de grasa existente en la leche, peores son las condiciones para el desuerado. Así, la cuajada para queso obtenida de leche descremada cede el suero con más facilidad que la cuajada de leche entera, supuesta la misma temperatura. De aquí que en la fabricación de queso deba tenerse presente el contenido graso de la leche y compensar el peor desuerado en los quesos grasos con una temperatura más elevada. El contenido graso no ejerce ninguna influencia sobre los tiempos de coagulación y espesamiento.

Calentamiento de la leche

Cuanto más intenso es el calentamiento (temperatura y tiempo de actuación), peores son las condiciones para la coagulación y espesamiento de la leche.

El rápido calentamiento de la leche hasta un máximo de 70°C, seguido de inmediata refrigeración (pasteurización), todavía permite una buena fabricación de queso. Entonces conviene añadir calcio (en forma de cloruro cálcico,1 g/10 litros de leche), para permitir la formación de puentes calcio-salinos. En la pasteurización, el calcio de la leche necesario para la formación de puentes salinos resulta fijado, por lo que ya no está disponible para la coagulación por el cuajo. Sin embargo, la pasteurización tiene la ventaja de reducir sustancialmente el número de gérmenes presentes, destruyendo los responsables de infecciones (coliformes, gérmenes patógenos).

La pasteurización no ejerece ninguna influencia sobre el desuerado.

Si se calienta la leche a temperaturas por encima de 70°C, no se puede fabricar queso con ella, ya que entonces precipita la proteína y la fijación de agua a la proteína impide la formación de puentes calcio-salinos y con ello el espesamiento de la leche (lo mismo que sucede a temperaturas por debajo de 10°C).

Tamaño de corte de la cuajada

En la fabricación de la mayoría de los quesos, para favorecer la expulsión del suero se corta en trozos la leche coagulada. El tamaño de éstos es decisivo para la salida del suero y por lo tanto para la consistencia del queso. Cuanto menores son los fragmentos de cuajada, mejor es el desuerado.

Tiempo

Casi todos los factores con influencia mencionados están sujetos también a un tiempo de actuación. Así, la cuajada es tanto más consistente cuanto más se tarde en cortarla; y la expulsión de suero es más abundante cuanto más prolongado sea el tiempo de desuerado (hasta una cierta consistencia). Para que la cuajada expulse más suero, debe elevarse la temperatura (ver Tabla 6).

Tabla 6. Factores con influencia sobre la coagulación por el cuajo.

Muestra nº	*Leche*	*Cuajo ml/10 l*	*pH*	*Temp. °C*	*TC min.*	*TE min.*	*Tamaño corte*	*Cambio referencia*	*Desuerado*
1	LD	4	6,6	30	15	35	0,7		
2	LD	**6**	6,6	30	12	30	0,7	Mayor cantidad cuajo	Igual cantidad suero que en referencia
3	LD	4	6,6	**35**	11	25	0,7	Temp. más alta	Mucho más suero que en referencia
4	LD	4	**6,4**	30	9	25	0,7	pH disminuido (más acidez)	Algo más suero que en referencia
5	**LE**	4	6,6	30	15	35	0,7	Mayor tasa de grasa	Bastante menos suero que en referencia
6	LD	4	6,6	**5**	Ninguna coagulación al cabo de 2 horas			Adición del cuajo en frío	Imposible preparación cuajada, por ello ningún desuerado
7	**LD 90°C**	4	6,6	30				Calentamiento de la leche	
8	LD	4	6,6	30	15	35	**2-3 cm**	Fragmentos de cuajada más grandes	Bastante menos suero que en la referencia

LD = Leche descremada   LE = Leche entera
TC = Tiempo de coagulación   TE = Tiempo de espesamiento

Sustancias auxiliares en la transformación de la leche

Cultivos bacterianos

En la transformación de la leche hacen falta siempre bacterias acidolácticas. Como nunca se conoce cuántas, qué especies y qué actividad desarrollan las bacterias naturalmente presentes en la leche, deben añadirse siempre bacterias acidolácticas, incluso cuando se trabaje con leche cruda. De esta manera se trabaja con mayor seguridad.

Las bacterias acidolácticas se agregan en forma de cultivo puro. Con este nombre se designa un cultivo enriquecido con cepas bacterianas específicas. En la fabricación de la mayoría de los productos se utilizan cultivos mesófilos. Bacterias mesófilas son aquellas que viven de forma óptima y se multiplican con máxima rapidez en la zona térmica normal, comprendida entre 20 y 30°C. Sólo en unos pocos productos son necesarias bacterias acidolácticas termófilas (resistentes al calor). Estas viven mejor a temperaturas de 35-45°C. Productos elaborados con cultivos termófilos son, por ejemplo, el yogur y algunos quesos duros.

Requisito previo para la fabricación de productos de calidad, con las deseables cualidades de sabor y consistencia, es sembrar con el cultivo únicamente las deseables bacterias acidolácticas y ningún otro tipo de microorganismo. Por ello, dejar sólo reposar la leche cruda caliente esperando a que se acidifique para añadir después el cultivo, no es ciertamente procedimiento correcto. Las consecuencias serían la infección con otras especies y cepas bacterianas.

Por desgracia, la incubación de cultivos en la casa de campo es problemática y casi nunca realizable. En la sala destinada a la elaboración de quesos no suelen existir las condiciones de esterilidad precisas para ello. Mucho más fácil y seguro es, por consiguiente, adquirir el cultivo en el establecimiento quesero más cercano.

Sin embargo, ¿qué cepas de bacterias acidolácticas necesitamos y en qué productos se hallan contenidas? Para poder responder a esta pregunta es necesario distinguir entre cultivos mesófilos y termófilos.

Cultivos mesófilos

En los cultivos mesófilos ordinarios hay contenidas cuatro cepas, que tienen distintas propiedades y cometidos. Los nombres de estas cepas son:

Streptococcus lactis
Streptococcus cremoris
Streptococcus diacetylactis
Leuconostoc citrovorum

Dos de estas cepas, concretamente *Sc. lactis* y *Sc. cremoris* (*Sc.* es la abreviatura de *Streptococcus*), son puras formadoras de ácido, desdoblando por consiguiente la lactosa solamente en ácido. Las otras dos cepas, *Sc. diacetylactis* y *Leuconostoc,* generan también sustancias aromáticas y gas, además de ácidos. El *Sc. diacetylactis* produce intenso aroma y mucho gas, mientras que el *Leuconostoc citrovorum* proporciona un aroma fino y delicado y relativamente poco gas. De acuerdo con los porcentajes en que se mezclen estas cuatro cepas, el cultivo resultante tendrá unas u otras propiedades. La oferta de los fabricantes de cultivos comprende un amplio espectro de mezclas diversas, pensadas para finalidades específicas. En las casas de labor se utilizan cultivos con aroma y formación de gas de mediana intensidad. Tales cultivos se venden en forma de la leche acidificada o suero de leche habituales en el comercio. Al hacer la adquisición, el comprador debe asegurarse de que se trata de productos naturales, sin calentar, estabilizar, espesar o conservar, ya que en estas operaciones las bacterias acidolácticas mueren o cuando menos ven reducida su actividad. También se comprobará que exista el mayor plazo posible hasta la fecha de caducidad del cultivo, como mínimo 14 días. Si esta fecha está muy próxima, puede suceder que el cultivo se encuentre ya sobreacidificado y por ello desarrolle menor actividad. Lo mismo puede ocurrir si se rompe la cadena del frío. El cultivo adquirido en forma de leche acidificada se transporta mejor a casa en una bolsa refrigerada.

Cultivos termófilos

El yogur en sentido estricto, como típico representante de cultivo termófilo, solamente contiene dos cepas bacterianas, que son:

Streptococcus thermophilus
Lactobacillus bulgaricus

También en este caso tienen ambas cepas propiedades y misiones diferentes. El *Sc. thermophilus* realiza en la fabricación de yogur la acidificación inicial, mientras que el *Lb. bulgaricus* lleva a cabo la acidificación final y produce el aroma. Cuanto menor es la proporción de *Lb. bulgaricus* en el yogur, más suave es este producto, pero también más débil su sabor típico. Pero en los yogures normales del comercio, de bastante consistencia, existe una proporción suficientemente alta de esta cepa. A la hora de comprar, también aquí se exigirán productos naturales.

Otros cultivos termófilos, como por ejemplo los que se precisan en la fabricación de queso Emmental, no se pueden comprar en tiendas, sino que deben encargarse directamente a un fabricante de cultivos. En este caso, el representante de la firma asesorará sobre el modo de empleo.

Cultivos desecados y congelados

Como alternativa a la leche acidificada suero de leche o yogur como cultivos, también pueden adquirirse en el mercado bacterias acidolácticas en forma desecada-congelada, granular. Su gran ventaja frente a la leche ácida o yogur estriba en proporcionar la seguridad de trabajar siempre con un cultivo uniformemente activo. Cuando se compran cultivos de las centrales lecheras, se registran siempre trastornos en la producción en la casa de campo, debidos a sobreacidificación, envejecimiento, cambios de cultivos en el funcionamiento de los centros industriales, incorporación de cepas adicionales de bacterias acidolácticas o por otras circunstancias. Tales trastornos son evitables con entera seguridad adquiriendo directamente cultivos desecados-congelados de una firma fabricante. Estos cultivos son vendidos en grandes unidades directamente

Figura 12. Sustancias auxiliares para el tratamiento de la leche: cultivos desecados-congelados, cloruro cálcico, nitrato sódico, cuajo para quesos, sal, hierbas y condimentos, ácido láctico (de izquierda a derecha).

al medio rural y pueden guardarse durante un año en arcones de congelación profunda. La dosificación viene indicada en las instrucciones que acompañan al cultivo. Este debe disolverse bien únicamente en la leche. La operación dura alrededor de media hora. Esta presentación de cultivo es algo más cara, pero solamente con evitar que se produzca un defecto de producción, ya compensa haber desembolsado algo más de dinero. Esta forma de utilización de bacterias acidolácticas sólo es recomendable para aquellos que tengan problemas con sus cultivos habituales o que busquen ante todo seguridad en la elaboración de sus productos. (Ver pág. 137).

Calcio

Como se deduce de lo expuesto con anterioridad, el calcio es necesario para el normal desarrollo de la coagulación enzimática, ya que sin él no pueden formarse puentes calcio-salinos y la leche no se espesa. La leche cruda contiene suficiente calcio, en condiciones normales, por lo que no se necesita agregar expresamente más.

El calcio se encuentra presente en la leche en tres formas: coloidal, disolución verdadera y ligado a caseína. Para el comportamiento de la leche en la coagulación, corresponde al calcio ligado a la caseína máxima importancia; la capacidad para coagularse por efecto del cuajo se ve mejorada cuando este calcio está en elevada proporción. Si la leche se calienta (pasteurizada como máximo a 70°C), el calcio presente en ella ligado a la caseína se transforma en otras formas solubles, no estando ya disponible para la coagulación ni para la constitución de puentes salinos. Ello obliga entonces a agregar calcio expresamente, lo cual está permitido en forma de cloruro cálcico. La dosis suficiente es de 1 g de cloruro cálcico puro a 10 litros de leche. Esta adición ya no es de declaración obligada en Austria desde el 1.1.1995.

En el caso del cloruro cálcico en polvo, hay que tener presente que es muy higroscópico, lo que quiere decir que tiene gran apetencia por el agua. La humedad ambiental que existe normalmente en el recinto de tratamiento de la leche es suficiente para licuarlo en breve plazo. Por ello, debe guardarse en condiciones de estricta sequedad o, lo que es mejor, preparando con él una solución. De acuerdo con la proporción que exista en ésta del principio activo, es preciso calcular cuántos mililitros de solución se necesitan en lugar de 1 g por 10 litros de leche.

Ejemplo: Si se disuelven 100 g de cloruro cálcico en medio litro de agua (500 ml), 5 ml de esta solución contendrán 1 g de cloruro cálcico.

Esta solución puede conservarse largo tiempo en frigorífico. Por razones bacteriológicas, lo mejor es hervir previamente este agua. Muchas firmas venden también soluciones de cloruro cálcico, por lo general como solución saturada (al 50%). En este caso, bastan 2 ml/10 litros de leche. Se pondrá atención al tema de los envases.

La incorporación de cloruro cálcico sólo es necesaria en la transformación de leche pasteurizada en queso. Si se presentan problemas de espesamiento en la leche cruda, pueden obedecer a la falta de calcio en la leche. Esto puede suceder especialmente al principio de la lactación (ver «Sales», pág. 3). Pero en la leche cruda basta en este caso con añadir sólo la mitad de la cantidad citada, para evitar los trastornos de espesamiento.

Nitrato

Para fabricar queso de corte a partir de leche obtenida en la proximidad de silos, muchas veces es necesario añadir nitrato. En los ensilados incorrectamente fermentados se desarrollan bacterias esporuladas (clostridios) que contaminan la leche por vía aérea y provocan en los quesos con ella elaborados fermentaciones anómalas a las 3-4 semanas de edad. Estas fermentaciones anormales se traducen en quesos hinchados, grandes ojos agrietados, y olor y sabor pútridos. Los clostridios tienen unas condiciones de vida muy específicas. Sobreviven a la pasteurización y comienzan a multi-

Tabla 7. Contenido de nitrato de algunos alimentos (expresado en ppm de NO_3).

Zanahorias	200-300
Apios	1.000
Rábanos, rábanos rojos	1.000-1.500
Remolacha roja	2000-2500
Patatas	300
Repollo	200-500
Coliflor	300
Colirrábanos	1.000
Lechuga	1.000-1.500
Tomates	50
Pepinos	200
Guisantes	10
Judías verdes	250-500
Puerros	500
Carne, en general	50-60
Jamón	200-250
Embutidos y productos de charcutería	100-120
Pan moreno y pan integral	15-30
Harina de centeno	15-30
Leche cruda	n.e.-5
Requesón (cuajada)	1-5
Camembert	2-8
Quesos de corte	10-30

n.e. = no evidenciable

plicarse cuando los quesos resultan algo menos ácidos (pH próximo a 5,4) en el transcurso de la maduración. Esto sucede en los quesos de corte cuando alcanzan las 3-4 semanas de edad. De aquí se deduce que en ninguno de los restantes productos lácteos existe este peligro, porque son más ácidos o porque transcurrido ese tiempo ya han sido consumidos.

Por lo general es suficiente la cantidad de 1 g por 10 litros de leche. Como en el caso del cloruro cálcico, la adición en forma de sal, nitrato sódico ($NaNO_3$), está permitida y debe declararse («Aditivos: nitrato»). También aquí lo mejor es trabajar con una solución, pues el nitrato sódico es muy soluble en agua.

La adición de 1 g a 10 litros de leche origina un contenido de nitrato en el queso de 25-30 ppm (1 ppm = 1 mg/kg). La utilización de nitrato es rechazada muchas veces por las asociaciones protectoras del consumidor, porque los productos de desdoblamiento del nitrato pueden ser cancerígenos. Sin embargo, si se considera que ciertas clases de verduras o de carnes curadas contienen tasas hasta 1.000 veces más cantidad de nitrato, la preocupación de que la salud resulte dañada por el nitrato presente en el queso carece de sentido (ver Tabla 7, pág. 32).

Cuajo

La caseína κ es desdoblada muy fácilmente por enzimas (microfactores) proteolíticos, por lo que en condiciones adecuadas pueden utilizarse muchos enzimas para coagular la leche. Los preparados que contienen estos enzimas reciben el nombre de cuajo. El enzima más antiguo que se conoce en la fabricación de queso es la quimosina, obtenida del estómago de terneros lactantes, por lo que se conoce con el nombre de cuajo de ternero.

Otros enzimas que pueden emplearse para la coagulación de la leche son:

- De origen animal
- De origen vegetal
- De origen microbiano

Enzimas de origen animal son, entre otros, la pepsina, que se obtiene del estómago de cerdo o vaca, y la tripsina, enzima del páncreas. El cuajo animal suele ser una mezcla de cuajo de ternero y pepsina.

De origen vegetal son la papaína, enzima proteolítico procedente del jugo lechoso del papayero americano, *Carica papaya,* la ficina, del jugo de especies suramericanas de *Ficus,* y la bromelina, obtenida de la piña.

Pero en los últimos 20 años se ha venido utilizando un número creciente de enzimas de origen microbiano en la fabricación de queso. Productos metabólicos de ciertos mohos y bacterias tienen las mismas propiedades que el cuajo de ternero, pero resultando mucho más baratos de obtener. Así, en la fabricación de cuajo microbiano se utiliza sobre todo el moho *Mucor mihei.*

Pero todos estos preparados tienen una cosa en común: Como el cuajo no sólo son necesarios para coagular y espesar la leche, sino que también desempeñan un importante papel en la maduración del queso, desdoblamiento de la caseína coagulada y de otras sustancias proteicas; para la fabricación de queso únicamente servirán aquellos enzimas coagulantes de la leche que no generen sustancias de olor y sabor desagradables durante la maduración del queso. Por esta razón, el coagulante que nosotros empleamos es cuajo de ternero, pepsina, mezclas de ambos, o cuajos microbianos. Los cuajos de origen vegetal, utilizados en países cálidos, confieren fácilmente un sabor amargo al queso.

Todos los cuajos se presentan como extracto líquido o en forma de polvo. La fuerza coagulante del producto líquido oscila entre 1:15.000 y 1:10.000; en el caso del cuajo en polvo, entre 1:100.000 y 1:150.000.

¿Qué significa esta fuerza coagulante? Indica cuántas partes de leche fresca son coaguladas a la temperatura de 35°C por una parte de cuajo en 40 minutos. Esto quiere decir que la cantidad de cuajo debe dosificarse exactamente, ya que las cuantías añadidas en exceso o en déficit influyen de forma perjudicial sobre la calidad de los quesos obtenidos.

En las instalaciones familiares de fabricación artesanal es ventajoso utilizar cuajo líquido. Pero aquí la cantidad de leche a tratar es más bien pequeña, por lo que la dosificación incluso del coagulante líquido resulta difícil. En el caso del coagulante en polvo, con una fuerza coagulante mucho mayor, la dosificación exacta es casi imposible.

Técnica de incorporación del cuajo

- Disolver el cuajo en una cantidad adecuada de agua fría o templada, para que luego se pueda disolver mejor en la leche.
- Añadir esta solución al grueso de la leche, sin dejar de agitar.
- Tras un buen entremezclado, dejar en reposo la masa de leche. Durante el período de coagulación y espesamiento no debe agitarse la cuba del queso, lo cual dificultaría dicha coagulación y espesamiento, con la consecuencia de que pasarían al suero cantidades considerables de proteína (mermas, pequeñas partículas de cuajada).

Sal

La salazón del queso es importante para la formación de la corteza y el sabor de las piezas. Se emplea sal de cocina normal, la que se vende en el comercio. La manera más sencilla de actuar es sumergir los quesos en un baño de sal o

Figura 13. Quesos flotando en un baño salino.

salmuera. De esta forma se gradúa mejor la captación de sal. Los quesos de corte y blandos suaves deben tener un 1,2-1,5% de sal; los quesos salados, 1,5-1,8%. Esta tasa de sal se obtiene jugando con la duración del baño salado y la temperatura, y de acuerdo con la consistencia de los quesos. Estos deben flotar libremente en la solución de sal y, transcurrida la mitad del tiempo, se les dará la vuelta.

Preparación de la salmuera

La cantidad necesaria de agua se gradúa con ácido láctico (ácido láctico con el 90% de pureza) y pH del queso (5,0-5,3). Para esto hacen falta 0,2-0,6 ml de ácido láctico por litro de agua. El valor del pH se controlará mediante tiritas de papel indicador. Si el pH descendió demasiado (por debajo de 5,0), puede elevarse agregando agua sola.

Aumentar luego al 18% el contenido de sal de los quesos con sal común (10 l de agua con el pH graduado + 2,5 kg de sal).

De esta manera queda dispuesto el baño de sal. Basta entonces con sumergir los quesos. Esta salmuera puede utilizarse prácticamente durante todo un año; sólo debe reponerse a diario la cantidad de sal captada por los quesos. La concentración de sal en la solución se mide con un densímetro al efecto (las firmas que suminsitran material de laboratorio disponen también de estos densímetros; ver «Direcciones de interés»). El baño salino debe esterilizarse cada 4-5 semanas. Esto se consigue muy fácilmente calentando la totalidad de la solución como mínimo a 80°C. Se deja enfriar el baño salino y ya está dispuesto para nuevas utilizaciones.

Duración del baño de sal

El tiempo que los quesos deben permanecer en la salmuera depende mucho del grosor de las piezas, de la consistencia del queso y de la temperatura del baño de sal.

Valores orientativos de temperatura y duración del baño salino

	Peso de los quesos	*Temp. baño*	*Duración aprox.*
Quesos blandos	200 g	12°C	2-2,5 h
	200 g	20°C	1,5-2 h
	1 kg	12°C	4-6 h
	1 kg	20°C	3-5 h
	2 kg	12°C	8-10 h
	2 kg	20°C	6-8 h
Quesos de corte	1 kg	12°C	6-10 h
	1 kg	20°C	5-8 h
	2 kg	12°C	15-18 h
	2 kg	20°C	12-16 h
Quesos de corte prensados	1 kg	12°C	10-12 h
	2 kg	12°C	16-20 h

En términos generales:

- Cuanto mayor es la pieza, más larga es la duración del baño.
- Cuanto más consistente es el queso, más lenta es la captación de sal, lo que equivale a decir que hacen falta tiempos más prolongados.
- Cuanto más caliente es el baño de sal, más cortos son los tiempos de permanencia de los quesos en el baño, ya que, actuando temperaturas elevadas, la sal es captada con más rapidez.

La duración adecuada de cada producto en particular debe ser determinada y comprobada por uno mismo. A este respecto, no se pueden dar reglas concretas válidas. Siempre se tendrá en cuenta la relación superficie/peso de los quesos. Cuanto mayor es la permanencia, más corta es la estancia en el baño de sal.

Hierbas aromáticas y condimentos

Además de la sal, a los productos pueden adicionarse hierbas y condimentos para modificar o refinar su sabor. Entonces sólo hay que tener presente una cosa: las hierbas del jardín propio son más seguras en su sabor, aunque nunca están en buenas condiciones bacteriológicas. El lavado normal es insuficiente. Para no recargar los productos de gérmenes nocivos, las hierbas deben escaldarse previamente con agua caliente. Por desgracia, con esto se pierde también la mayor parte del sabor y la incorporación queda limitada a una mejora en el aspecto. La alternativa es añadir hierbas desecadas. Con los condimentos sucede algo semejante. Pimienta, pimentón y condimentos similares, adquiridos en el comercio, nunca están exentos de gérmenes. También aquí hay que tomar las máximas precauciones.

Algunas normas para el empleo de estos aditivos

Para elaborar quesos blandos o de corte con hierbas y condimentos, la mezcla de estos dos tipos de ingredientes se escalda en una pequeña cantidad de agua hirviendo; luego se deja enfriar el jugo cubierto. Antes de llenar los moldes, el caldo enfriado se añade a la mezcla cuajo-suero, se revuelve bien y por último el total se vierte en los moldes. Debe tenerse en cuenta a este respecto que buena parte de los condimentos se pierden con el suero. Si previamente se absorbe o espuma cierta cantidad de suero, se ahorran condimentos.

En la fabricación de aditivos para queso fresco, el peligro de una multiplicación bacteriana no es tan grande, ya que el producto es relativamente ácido. La sobrecarga microbiana que ingresa con los aditivos persiste en el producto, pero solamente levaduras y mohos se multiplican. Por ello, estos productos no deben elaborarse para conservar, sino únicamente en la cantidad que sea necesaria o se vaya a vender en el día siguiente.

Ácido láctico

Al preparar un baño de sal nuevo o en la maduración de los quesos en salmuera, es preciso graduar exactamente el contenido de ácido. Aquí no podemos pensar en las bacterias acidolácticas y en la acidificación que naturalmente generan, puesto que en el baño de sal no hay lactosa, es decir, el nutriente utilizado por dichas bacterias. En la maduración en salmuera, hace falta un contenido de ácido mayor (pH más bajo) del que pueden producir las bacterias acido-lácticas. Por consiguiente, en ambos casos debe graduarse el pH necesario con ácido láctico preparado en el laboratorio. El ácido láctico se adquirirá en establecimientos de productos químicos.

Pero este ácido láctico no debe incorporarse en lugar de cultivos puros en la elaboración de productos lácteos, pues solamente se trata de ácido y no de bacterias acidolácticas vivas. Por consiguiente, en la producción deben utilizarse siempre cultivos de bacterias acidolácticas, reservando el ácido láctico comprado en la tienda para graduar el pH del baño salino y de la salmuera en los quesos como el Fetal.

Clasificación de los quesos

La clasificación de los quesos en frescos, blandos, de corte y duros se basa en el valor AQD (AQD = Agua en el Queso Desengrasado) de las piezas. En todos los países existen valores límites específicos, indicativos de cuándo, por ejemplo, un queso puede denominarse fresco o ya debe considerarse queso blando. Para la clasificación, recurrimos a lo dispuesto en la Orden Alemana de Quesería:

Clases de quesos	*Contenido de agua sobre peso del queso desengrasado*
Quesos duros	56% o menos
Quesos de pasta semidura	entre el 54 y el 63%
Quesos de pasta semiblanda	
Quesos de corte	entre el 61 y el 69%
Quesos de leche ácida	entre el 60 y el 73%
Quesos blandos	más del 67%
Quesos frescos	más del 73%

Esta clasificación no es rígida, sino que el tránsito de una clase a otra es paulatino, puesto que en todos los tipos hay variedades semiduras o semiblandas; así las cosas, la identificación en las zonas limítrofes sólo puede realizarse mediante análisis del queso en particular.

También existen otras inexactitudes. Los quesos blandos, de corte y duros experimentan normalmente una maduración. Si alguien vende tales tipos sin maduración, o sea, frescos una vez elaborados, son en realidad quesos frescos, pero no pueden ofrecerse como tales en sentido estricto, porque de acuerdo con su AQD constituyen quesos blandos o de corte. Lo correcto es denominar a estos quesos «quesos blandos sin madurar» o «quesos de pasta semiblanda sin madurar». También deben tomarse en consideración las normas legales de cada país. Los organismos competentes de control de alimentos solventarán las dudas al respecto; controlan, y en caso necesario decomisan legalmente, los productos destinados a la venta.

Los quesos también pueden diferenciarse de acuerdo con su contenido graso. La clasificación se lleva a cabo entonces atendiendo a su contenido de grasa sobre el extracto seco. Los grupos a distinguir vienen expresados en la Orden Alemana de Quesería:

Clasificación de los quesos según su cantidad en grasa

Clases	*Contenido en grasa sobre extraco seco*
Doble graso	máximo del 85% mínimo del 60%
Nata	mínimo del 50%
Extragraso	mínimo del 45%
Graso	mínimo del 40%
3/4 graso	mínimo del 30%
Semigraso	mínimo del 20%
Cuartograso	mínimo del 10%
Magro	menos del 10%

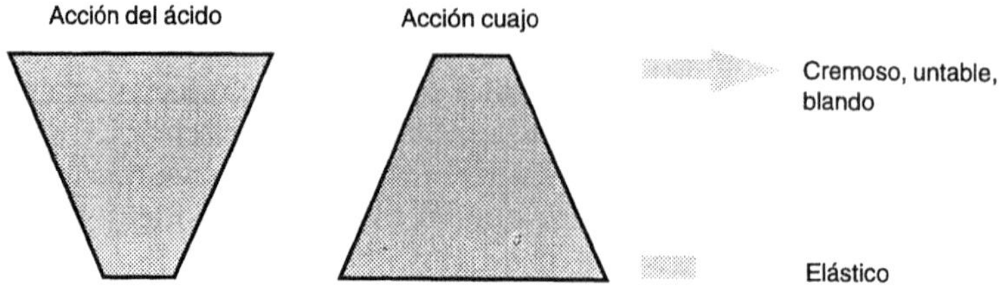

Gráfico 9. Influencia de los ácidos y del cuajo sobre la consistencia de los quesos.

La expresión del contenido de grasa en el queso (grasa en extracto seco) sigue siendo para muchos un concepto que induce a confusión. Está muy extendida la creencia de que los quesos en general son muy grasos, lo que es simple y llanamente falso. La expresión «grasa en extracto seco» no se refiere al contenido graso del queso, sino únicamente al presente en el extracto desecado. El verdadero contenido de grasa del queso está por consiguiente muy por debajo, dependiendo del contenido de agua de los quesos. Si, junto a la expresión oficial «grasa en extracto seco», se desea expresar el contenido real de grasa, éste se puede calcular fácilmente de acuerdo con la siguiente regla aproximada, en la que la cifra de grasa en extracto seco se multiplica:

- por 0,3 en los quesos frescos
- por 0,4 en los quesos blandos
- por 0,5 en los quesos de corte
- por 0,6 en los quesos duros

Dos ejemplos:

Camembert con 45% de grasa en extracto seco (queso blando).
45 × 0,4 arroja aproximadamente el 18% de grasa.
«Quark» con 40% de grasa en extracto seco (queso fresco).
40 × 0,3 arroja aproximadamente el 12% de grasa.

Otras características diferenciativas de estos tipos de quesos son la pastosidad y el sabor. Mientras que el queso fresco (Quark, Gervais) exhibe sabor ácido y consistencia cremosa y untuosa, el queso de corte (Edam, Gouda y similares) tiene sabor menos ácido y es de consistencia espesa y elástica. Esto viene determinado por el contenido de ácido (valor pH) del queso, o, lo que es lo mismo, por la actuación conjunta del ácido y del cuajo durante la elaboración.

Básicamente se tendrá en cuenta:

Que cuanto más elevada es la acción ácida (cuanto más ácido es el queso, es decir, cuanto más bajo es el pH) y cuanto más escasa sea la actuación del cuajo en el queso, más consistencia cremosa-untuosa adquiere la masa de éste. Cuanto menor sea la acción ácida (más alto sea el pH), más activo se manifiesta el cuajo y por ello más espesa y elástica aparece la masa del queso. Como resumen puede afirmarse que, con ayuda de medidas tecnológicas, puede también influirse esencialmente sobre la consistencia del queso.

Tratamiento de la leche de oveja

Productos de leche acidificada

Los productos de leche acidificada se incluyen entre los productos lácteos más antiguos. Se originaban por contaminaciones naturales por bacterias acidolácticas y levaduras, que durante el depósito de la leche aprovechaban la lactosa como medio nutritivo y formaban a partir de ella ácido láctico y otros productos metabólicos. Como consecuencia, de acuerdo con el clima y el medio ambiente (leche de distintas especies animales) se originaban los siguientes grupos principales de productos lácteos acidificados:

- Productos con bacterias acidolácticas termófilas, en zonas de clima cálido (30-40°C), como por ejemplo el yogur.
- Productos con bacterias acidolácticas mesófilas, en zonas de clima templado (15-25°C), como por ejemplo la leche acidófila.
- Productos con bacterias acidolácticas y levaduras, en zonas de clima templado (20-30°C), como por ejemplo el kefir.

A partir de las experiencias iniciales se fue desarrollando la elaboración artesanal de productos lácteos a nivel doméstico y, después, la producción industrial a gran escala en los establecimientos industriales de lechería.

Una de las prácticas empíricas más importantes a este respecto fue que, mediante la incorporación de una fracción de leche acidificada a la masa de leche fresca, se podía acelerar y estandarizar el proceso de acidificación.

Hacia la segunda mitad del siglo XIX se produjo la investigación sistemática de la microbiología de los productos lácteos acidificados y se aislaron en ellos los microorganismos que eran característicos de cada producto (v.gr., yogur, kefir, leche con gérmenes acidófilus, etc.) y que luego eran utilizados a voluntad, con lo que se mejoraba sustancialmente la calidad de estos productos.

¿Por qué se afirma que los productos lácteos acidificados son valiosos desde el punto de vista de la fisiología de la nutrición?

La leche contiene cuanto el hombre necesita para el desarrollo y constitución de su organismo, así como para cubrir sus necesidades energéticas y de nutrientes. El especial valor sanitario (dietético) estriba principalmente en que los nutrientes se desdoblan y transforman mediante procesos bioquímicos (acidificación) en productos intermedios y finales que son valiosos para el organismo y para la función digestiva. Así, por ejemplo, son especialmente favorables las siguientes circunstancias:

- Estimulación de las secreciones digestivas.
- Buena digestibilidad de las proteínas desdobladas y de la fina precipitación de la caseína.
- Escasa sobrecarga de los órganos digestivos.
- Estimulación del peristaltismo intestinal por la elevada concentración de ácido láctico.

La base de la fabricación de productos lácteos acidificados es la coagulación ácida. Como ya se ha apuntado anteriormente, las bacterias acidolácticas tienen en la elaboración de productos lácteos acidificados el cometido de formar a partir de la lactosa el ácido láctico y otros productos metabólicos (aromáticos y CO_2). Esto resulta importante no sólo para el sabor, sino también, en virtud de la coagulación ácida (ver pág. 22, Precipitación ácida), para la consistencia del producto elaborado.

Como ya se ha dicho, el empleo de cultivos microbianos incubados y estandarizados respecto a su actividad metabólica, es un importante requisito para la fabricación de productos lácteos acidificados uniformes.

En la tecnología de la fabricación de productos lácteos acidificados procede distinguir dos grandes etapas:

1. El tratamiento de la leche original.
2. La acidificación propiamente dicha y espesamiento de la leche.

Tratamiento de la leche

El tratamiento de la leche es análogo en todos los productos lácteos acidificados y se refiere principalmente a la cocción de la leche a alta temperatura. Esta es necesaria para la precipitación de la proteína del suero y para lograr con ello una buena capacidad fijadora de agua a la proteína. Con ello se refuerza la consistencia de la cuajada y se evita la pérdida de suero. Cuanto más alta es la temperatura a que se calienta la leche, mejor (ver pág. 20, Proteína sérica). Cierto es que debe prestarse atención a la leche de oveja, que no es estable al calor.

Si la leche destinada a la elaboración de productos lácteos acidificados no se calienta, hay que contar con una consistencia blanda y débil. El calentamiento también es conveniente desde el punto de vista bacteriológico.

Especialmente en la leche de oveja, el calentamiento ofrece con frecuencia dificultades. Debido a su elevado contenido proteico, la leche de oveja no es termoestable, por lo que no puede hervirse. Sin embargo, en primavera, al iniciarse la lactación, puede calentarse a 85-90°C. Al ir aumentando el contenido proteico durante la lactación, desciende la temperatura máxima a que se puede calentar. Así, en verano son posibles temperaturas de 80-85°C, y al iniciarse el otoño (septiembre) sólo de 75°C. Para evitar sorpresas desagradables, conviene comprobar de tiempo en tiempo la estabilidad de la leche frente al calor, para lo cual se calienta una pequeña cantidad y se observa a qué temperatura coagula. Para mayor seguridad,

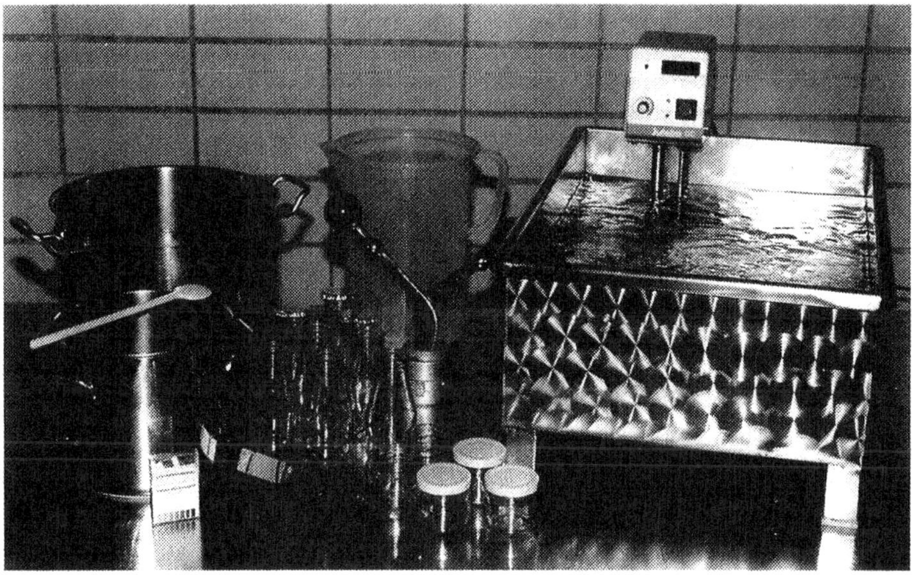

Figura 14. Utensilios para la elaboración de yogur. Perolas grande y pequeña, tiras medidoras del pH, termómetro, tarros de vidrio para yogur, aplicador de tapas de aluminio, jarra con pico, baño María.

Nota: *Las Figuras 15, 16, 17 y 18 se encuentran en el pliego de color.*

se trabajará con temperaturas 5°C por debajo de la determinada.

Acidificación y coagulación

Para acidificar y espesar la leche se utilizan cultivos mesófilos, aunque también termófilos: cultivos mesófilos en aquellos productos a base de leche o nata ácidas, y cultivos termófilos para el yogur y similares. Esta diferenciación implica distintas temperaturas de incubación, cantidades a sembrar y tiempos de acidificación. Es importante a este respecto mantener uniformemente alta la temperatura necesaria durante todo el tiempo de acidificación. Es imprescindible evitar las oscilaciones de temperatura, por lo que es necesario disponer de una instalación de incubación adecuada. Cuando no sea posible mantener la temperatura constante, es mejor trabajar con temperaturas en descenso que en aumento. Si el producto se calienta sobre todo al final del periodo de acidificación, ello provoca la retracción de la proteína, y con ello una consistencia granulosa y la exudación de suero.

Utensilios necesarios

Para la elaboración de productos de leche acidificada sirven muchos utensilios de los existentes en cada cocina. Harán falta:

- Una caldera grande.

- Una caldera más pequeña, para cantidades muy reducidas.
- Recipiente de doble pared para cantidades grandes.
- Termómetro con escala 20-100°C.
- Agitador (cucharón o batidora de clara de huevo).
- Cultivo acidificador (leche ácida o yogur).
- Jarra o puchero con pico.
- Botellas con cierre.
- Instalación incubadora.
- Tiritas de papel indicador, para medir eventualmente el pH.

Las calderas grande y pequeña son necesarias para preparar un baño María. Se llena con agua suficiente la caldera grande, y se introduce en ella la caldera pequeña llena de leche. La leche de oveja no debe someterse a la acción directa del calor, pues entonces se produciría un sobrecalentamiento en el fondo del recipiente y la leche se coagularía.

Existen diversos medios para efectuar la incubación. Lo mejor es un baño maría o una estufa graduables. Pero también prestan buen servicio una caja adecuada o un viejo arcón congelador. Sirve, asimismo, un incubador de yogur, si bien está más indicado para pequeñas cantidades.

Yogur

El yogur de leche de oveja es un producto tradicional y de fácil preparación.

Primero se calienta la leche a 85°C en baño María o recipiente de doble pared; esta temperatura se mantendrá estrictamente unos 15-30 minutos. Así se garantiza la precipitación de la proteína del suero y que el yogur exhiba aspecto consistente y atractivo, sin signos de exudación de suero. A considerar la peor estabilidad de la leche ante el calor en las últimas fases del período de lactación (ver «Tratamiento de la leche»).

Tras el calentamiento de la leche, ésta se enfría a 45-46°C y se siembra con el 2,5% aproximadamente de cultivo de yogur; éste se habrá adquirido en la Central lechera (0,25 l añadidos a 10 l de leche, o bien cultivo para adición directa de acuerdo con las instrucciones de dosificación). Es necesario que la temperatura en la siembra sea superior a la temperatura de incubación, porque la leche se enfría al recibir el cultivo y trasvasarse a los tarros de vidrio; sin embargo, la leche debe estar a una temperatura de 42°C al iniciarse la incubación.

Luego el cultivo se entremezclará bien con la leche, y el total se verterá con máxima rapidez en los tarros precalentados, que se cerrarán bien y se depositarán en la instalación de incubación a 42°C.

Cuanto más exactamente se mantenga esta temperatura, mejor sabor propio tendrá el yogur. La temperatura de incubación de 42°C tiene su razón de ser. En el cultivo de yogur hay contenidas dos cepas bacterianas: *Sc. thermophilus* y *Lb. bulgaricus* (ver pág. 29, «Productos auxiliares en la transformación de la leche-Cultivos bacterianos»). La proporción que guardan ambas cepas entre sí en el yogur clásico es de 1:1 ó 2:1 a favor del *Sc. thermophilus*. Este último germen tiene una temperatura óptima de crecimiento de 39°C, mientras que la del

Figura 19. Medida del pH con tira de papel indicador. El pH se determina de acuerdo con el color que toma la porción humedecida de la tira.

Nota: *La Figura 20 se encuentra en el pliego de color.*

Lb. bulgaricus es de 45°C. Para no favorecer demasiado a ninguna de las dos cepas, se elige como temperatura óptima de incubación el punto intermedio entre ambas temperaturas, que son los 42°C. Quien desee un «sabor a yogur» menos fuerte, es decir, un producto más suave, puede reducir un poco la temperatura de incubación (38-40°C), mientras que, cuando se pretenda obtener un sabor típico más intenso, se elevará la temperatura de incubación.

Al cabo de unas 3 horas, la leche se torna espesa y el yogur está dispuesto para enfriar (si se utilizan cultivos de incorporación directa, el tiempo de incubación debe ser 1-2 horas más largo). El pH estará entre 4,7 y 4,6. Durante el enfriamiento, el yogur se acidifica todavía más, por lo que, cuando ya está refrigerado, muestra un pH próximo a 4,2. Pero el yogur no debe sobrepasar este límite de acidez, pues resultaría desagradable.

Se pondrá cuidado en la manipulación del producto caliente. La cuajada es inestable y cualquier agitación provocaría la exudación de suero. El yogur de leche de oveja exhibe superficie lisa, es bastante consistente y en la boca da sensación suave y cremosa; el sabor es ácido, aromático y con ligeras reminiscencias típicas de la leche de oveja.

El yogur así preparado puede utilizarse al día siguiente como cultivo para ser sembrado en la próxima fabricación. Sin

Descripción esquemática de la fabricación de yogur

Calentar la leche a 80-85°C

↓

Mantener esta temperatura 20-30 minutos

↓

Enfriar a temperatura de siembra: 45-46°C

↓

Sembrar con el cultivo de yogur,
yogur sólido de la Central al 2,5%, o bien
cultivo congelado-desecado según instrucciones

↓

Llenar tarros o copas de vidrio

↓

Incubar en estufa o baño María a 42-43°C

↓

Tiempo de incubación (hasta alcanzar pH 4,6), 2,5-3 horas

↓

Enfriar por debajo de 6°C

embargo, debe retirarse la capa más superficial, que puede estar más cargada de mohos o levaduras. Así se puede utilizar producto propio, sin tener que comprar continuamente yogur en la Central lechera. No obstante, la incorporación debe realizarse cada 14 días con cultivo fresco, ya que el propio nunca se conserva tan estéril como el de la Central, existiendo el peligro de que se produzcan contaminaciones extrañas.

El yogur puede conservarse en frigorífico 14 días sin tomar precauciones especiales. Para plazos más largos de conservación, es conveniente escaldar los tarros de cristal con agua hirviendo antes de rellenarlos: con ello se evitan las contaminaciones de tarros y tapas. Lo más sencillo es llenar los tarros con agua caliente alrededor de una hora antes de llenarlos de yogur y dejarlos en reposo. Así el agua se va enfriando lentamente y, cuando los tarros se llenan de yogur, están uniformemente precalentados.

Ácido láctico dextrógiro y levógiro

Este es un tema que se discute con frecuencia. Que en un producto se forme ácido láctico dextrógiro o levógiro depende de las bacterias acidolácticas empleadas en la fermentación. El *Sc. thermophilus* genera ácido láctico dextrógiro (D-), mientras que el *Lb. bulgaricus* forma ácido láctico levógiro (L+). La proporción existente en el yogur clásico entre los ácidos lácticos dextrógiro y levógiro está entre 60:40 y

70:30 a favor del ácido láctico dextrógiro. Esto quiere decir que siempre existe más ácido dextrógiro que levógiro. Como el ácido láctico levógiro no puede ser desdoblado ni excretado por el organismo humano, se acumula en los músculos. Si se ingieren grandes cantidades de ácido láctico levógiro, pueden producirse trastornos de salud en las personas. Estudios de investigación indican, sin embargo, que el hombre debería tomar a partir de los 15 años alrededor de 1,5 litros de yogur diarios para sufrir alteraciones de salud. Como esto es más que improbable, no hay razón para insistir en el tema.

Por añadidura, el público consumidor muestra creciente preferencia hacia los productos ligeramente acidificados. Para elaborarlos, debe reducirse la proporción de *Lb. bulgaricus* en el yogur, para mejorar la proporción existente entre ácido láctico dextrógiro y levógiro. No existe, por tanto, razón para inquietarse.

En los productos con cultivos mesófilos, como la leche y la nata ácidas, se forma como mínimo el 99% de ácido láctico dextrógiro, por lo que el levógiro no existe prácticamente en estos productos.

Calificación del producto

Aspecto y consistencia: Superficie uniforme y ligeramente brillante; cuajada fina y relativamente consistente.

Olor y sabor: Ligeramente ácidos; aromáticos, con típico sabor a leche de oveja.

Observaciones

Calentar como mínimo a 80-85°C es necesario para obtener yogur consistente y de aspecto agradable (precipitación de la proteína del suero).

Pese a la elevada proporción de leche de vaca existente en los cultivos de yogur, el producto puede venderse como yogur de oveja. El Código Alimentario (alemán) no considera como adición de leche de otra especie la fracción de leche de vaca que llega al producto a través del cultivo, por lo que no es ningún fraude.

Hacia el final de la lactación, el calentamiento de la leche a 85°C puede plantear problemas, como consecuencia del incremento que experimenta en ese período la proporción de proteína existente en la leche. De aquí la conveniencia de comprobar de vez en cuando la estabilidad de pequeñas cantidades de leche a la acción del calor, antes de iniciar la producción.

Yogur de frutas

Quien desee hacer más apetitoso el yogur y consumirlo como postre, puede mezclarlo con frutas y azúcar o mermelada, o sea, preparar yogur de frutas. Por descontado que el yogur preparado y refrigerado se puede mezclar con estos ingredientes, pero es mejor, sobre todo si se trata de grandes cantidades, tener esto en cuenta a la hora de fabricar inicialmente el yogur. Como consecuencia del entremezclado reiterado, el producto final puede resultar relativamente flúido. Cuanto mayor es la acción mecánica a que se somete la cuajada de yogur frío, más fluido resulta. Esto puede evitarse modificando la tecnología de fabricación.

Partiendo del hecho de que la rehidratación, es decir, la capacidad

Descripción esquemática de la fabricación de yogur de frutas

Calentar la leche a 80-85°C
↓
Mantener esta temperatura 20-30 minutos
↓
Enfriar a la temperatura de siembra de 30°C
↓
Sembrar con el 0,5%
↓
Incubar en la caldera a 30°C
↓
Plazo de incubación (hasta pH 4,2): 14-18 horas
↓
Remover la cuajada a 30°C
↓
Adición de frutas y azúcar o mermelada
↓
Llenar tarros de vidrio o copas
↓
Enfriar por debajo de 6°C

fijadora de agua de la proteína, es mejor cuando actúan temperaturas de acidificación bajas en lugar de altas, conviene modificar como sigue la técnica de acidificación al agregar el yogur base:

- Incubar a 30°C (en lugar de 42°C).
- Sembrar con el 0,5% de cultivo (en lugar del 2,5%).
- Dejar acidificar durante 14-18 horas (en lugar de 3 horas).
- Controlar de manera que el pH sea 4,2 (en lugar de 4,6-4,7).

Con estas modificaciones se consigue que el yogur base no tenga ningún sabor típico de yogur, sino sólo sabor ácido inespecífico. En virtud de la baja temperatura de acidificación aplicada, el *Lb. bulgaricus*, cuya temperatura óptima es de 45°C y es responsable del típico sabor a yogur, sólo puede multiplicarse débilmente. Pero esto carece de importancia en la fabricación de yogur de frutas, ya que como resultado de incorporar éstas junto con el azúcar, queda enmascarado el sabor a yogur. La pérdida del sabor a yogur se ve compensada con una mejoría de la consistencia. (Adicionalmente, la débil multiplicación del *Lb. bulgaricus* eleva la proporción de ácido láctico dextrógiro).

Sin embargo, este yogur no se utilizará al día siguiente para ulteriores siembras. Como consecuencia de la gran dis-

Descripción esquemática de la fabricación de nata ácida

Calentar la leche a 40-45°C
↓
Centrifugar
↓
Calentar la nata a 85°C
↓
Mantener esta temperatura durante 10-20 minutos
↓
Enfriar a 22-26°C
↓
Sembrar con el 1-1,5% de leche acidificada o con cultivo desecado-congelado siguiendo instrucciones de dosis
↓
Llenar los tarros de vidrio
↓
Incubar durante 16-18 horas
↓
Refrigerar a 6-8°C

tancia a que quedan las temperaturas ideales, ambas cepas de bacterias acidolácticas degeneran después de la acidificación, que ya son incapaces de multiplicarse, lo que las excluye como cultivo de siembra. Para posteriores siembras hace falta yogur incubado a 42°C.

Tras la incubación y acidificación a 30°C, ya no se agita el yogur base, que pasa a entremezclarse con frutas y azúcar o mermelada. Podemos graduar a nuestro gusto el sabor a fruta y la acidez, con sólo modificar las cantidades a añadir. La masa removida y mezclada con frutas es relativamente fluida (casi se puede beber), pero se espesa mucho durante el enfriamiento, con lo que el producto final es cremoso y puede tomarse con cucharilla.

Nata ácida (15% de grasa)

Para la graduación del contenido de grasa, ver el Apéndice. A diferencia del yogur, en la elaboración de nata ácida se utilizan cultivos mesófilos (ver pág. 29). La incubación se lleva a cabo a temperatura ambiente, y por ello es más larga que la del yogur y, por tratarse de otras bacterias acidolácticas, genera un sabor más suave y no tan ácido, así como otro aroma.

Para la elaboración de nata ácida, la leche se calienta y centrifuga a 40-45°C. Esta temperatura es necesaria para conseguir un buen desnatado. La centrifugación a temperatura demasiado baja deja más cantidad de grasa en la leche magra. Como en el yogur, también en la nata ácida es ventajoso calentar el cilindro de la nata, con lo cual aumenta la granulosidad. Lo mejor es calentar el tubo para la nata en baño María a 85°C. Después de calentar, se enfría a 22°C y se siembra con un 1-1,5% de cultivo mesófilo, por tanto con leche acidificada o con cultivo desecado-congelado, siguiendo las instrucciones de dosificación.

Para que el producto adquiera cierta consistencia, puede introducirse en los tarros de cristal inmediatamente después de la siembra, cerrando bien a continuación e incubando luego a 22°C durante unas 16-18 horas. Finalmente, enfriar.

Los productos se incuban en la caldera, transcurridas 16-18 horas se agita uniformemente la nata espesada y acidificada, y sólo entonces se llenan, cierran y enfrían los tarros de cristal.

Es importante mantener lo más constante posible la temperatura durante la incubación. En cualquier caso, no deben sobrepasarse los 20°C. En otras circunstancias, las bacterias acidolácticas no pueden multiplicarse tan rápidamente, con la consecuencia de precisarse tiempos más largos para la acidificación. Tampoco deben superarse los 26°C, pues en otro caso los gérmenes contaminantes eventualmente presentes podrían prosperar mejor que las bacterias acidolácticas, con la consecuencia de formarse burbujas. De aquí la ventaja que supone disponer de una instalación de incubación adecuada.

Identificación y prevención de defectos en productos de leche agria.

Defectos	*Causas*	*Prevención*
Cuajada blanda, inconsistente y fluida en productos agitados.	Escasa o nula precipitación de proteínas del suero; tasa demasiado baja de proteína en la leche; removido descuidado y demasiado intenso.	Calentar suficientemente la leche (temperatura más alta y más largo tiempo de calentamiento); aumentar la tasa de proteína agregando leche de vaca en polvo (no olvidar la declaración de yogur mixto).
Producto líquido y granuloso.	Leche calentada a temperatura demasiado alta.	Determinar la estabilidad de la leche ante el calor con una pequeña cantidad de ésta; adaptar al resultado la temperatura y el tiempo de calentamiento.
Suero en la superficie; consistencia ligeramente granulosa.	Agitación excesiva de la cuajada antes de enfriar; aumento de la temperatura durante la incubación.	Transportar con cuidado, sin agitar el producto caliente desde la incubadora al frigorífico; evitar agitar la cuajada caliente durante la

Continúa

Identificación y prevención de defectos en productos de nata agria. (Continuación).

Defectos	*Causas*	*Prevención*
		refrigeración; efectuar el incubado con temperatura en descenso (evitar todo aumento de temperatura de la leche ácida).
Producto sin aroma, insípido e inerte.	Cultivo demasiado débil, envejecido o sobreacidificado; errónea composición del cultivo; temperatura de incubación demasiado baja; tiempo de incubación demasiado corto.	Comprar yogur fresco como cultivo (mejor de otra Central lechera); transporte refrigerado del yogur; comprobar la fecha límite del yogur; mayor temperatura de incubación; plazo más largo de incubación.
Producto demasiado ácido.	Tiempo de incubación demasiado largo; temperatura de incubación demasiado alta; excesiva cantidad sembrada; enfriamiento demasiado lento o insuficiente.	Determinar correctamente las condiciones de incubación y cantidad a sembrar; oportuna y suficiente refrigeración.
Producto viscoso y de masa filante.	Postcontaminación con gérmenes formadores de mucus; degeneración de las bacterias acidolácticas.	Higiene en la fabricación del cultivo propio (comprar yogur nuevo); comprobar las condiciones de incubación.
Producto demasiado líquido, sabor dulzón.	Cultivo débil, envejecido o sobreacidificado; temperatura de incubación errónea.	Cambiar de cultivo (comprar yogur nuevo); comprobar las condiciones de incubación.
En la superficie o en el seno del producto hay levaduras, mohos o coliformes.	Contaminación tras calentar la leche; cultivo contaminado; Contaminaciones a través del aire durante el envasado.	Higiene en la fabricación y envasado; cambiar de cultivo; desinfectar el local de producción.

Quesos frescos

Quesos frescos cilíndricos y «Gupferl»

Es ésta una especialidad típica de Austria elaborada con leche de oveja y que no debe fabricarse con leche de vaca o cabra, si se desea conservar la calidad exigida a este producto. En muchas regiones de Austria se prepara este queso en forma de cilindro a partir de medio litro de leche, aunque prevalece el tamaño pequeño denominado «Gupferl», elaborado con 0,25 litros de leche. La fabricación de ambas presentaciones es la misma.

Estos quesos deben exhibir superficie brillante y atractiva, superficie de corte lisa y exenta de «ojos» y masa fina y delicada (Figura 27 en pág. 53). El sabor es suave, ligeramente ácido y con muy leve regusto típico a leche de oveja.

Los costos de fabricación de esta clase de queso son relativamente escasos. Hacen falta sólo unos pocos utensilios, muchos de los cuales se encuentran ya con entera seguridad en la casa.

Material necesario

- Olla para templar la leche.
- Agitador (cucharón o espumadera).
- Jarro u olla con pico para el envasado.
- Moldes para la coagulación (de 0,5 ó 0,25 litros).
- Pipeta para dosificar exactamente el cuajo.
- Instalación para la incubación.
- Cubetas de desuerado.
- Cultivo acidificante.
- Cuajo.
- Cloruro cálcico (cuando se trabaje con leche pasteurizada).

Elaboración

La leche de oveja obtenida en perfectas condiciones de limpieza e higiene se templa a una temperatura próxima a los 25°C, con objeto de crear unas condiciones óptimas para las bacterias acidolácticas. Estas se hallan contenidas normalmente en toda leche obtenida con limpieza, aunque su número varía mucho de un día a otro.

Para que exista una cantidad suficiente en la leche, y asegurar con ello la obtención de productos con las características deseadas, lo mejor es añadirlas racionalmente, en la forma más sencilla de leche acidificada o suero de manteca adquiridos en el comercio más cercano. La cantidad a añadir es el 0,5-1% del total de leche.

Pese a todo, entonces pueden formarse en el queso pequeños ojos, atribuibles a la producción de gas por las bacterias acidolácticas generadoras del aroma. Lo mejor es, por consiguiente, la inclusión de un cultivo desecado-congelado, especialmente preparado para estos quesos, que sólo contiene bacterias acidolácticas que no son capaces de formar gas. Se vende, por ejemplo, granulado en saquitos de 50 g, que se guardarán en el arcón de baja temperatura. Media cucharadita de té de este cultivo desecado-congelado basta para 10 litros de leche.

Si, después de extraer la cantidad necesaria con una cucharilla limpia y seca, se vuelve a cerrar inmediatamente el saquito y se deposita de nuevo en el ar-

Figura 21. Incorporación del cultivo.

cón de refrigeración profunda, este paquete dura con seguridad hasta 2-3 semanas.

El cultivo así añadido resulta algo más caro, pero también es más seguro, pues permite disponer siempre de cultivo uniformemente activo, lo que no siempre puede garantizarse cuando se utiliza leche agria o suero de manteca. En el arcón frigorífico puede almacenarse cantidad suficiente para cubrir las necesidades de un año.

Cuando el cultivo se entremezcla cuidadosamente con la leche y están pre-

Figura 22. Llenado de los moldes de coagulación con leche a la que se ha añadido cuajo.

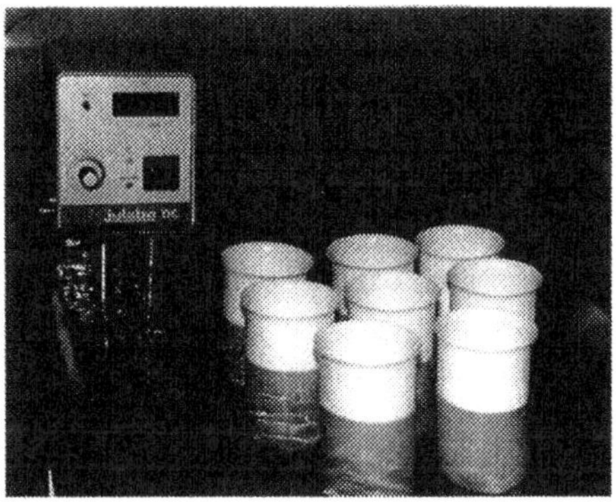

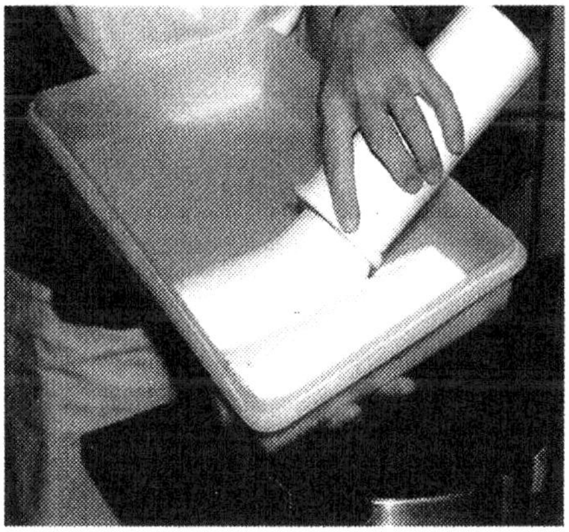

Figura 23. (Arriba) Coagulación de la leche a temperatura constante (baño maría).

Figura 24. (Centro) Vertido del queso desde los moldes a las tinas de desuerado.

Figura 25. (Abajo) Quesos en cubetas de desuerado.

parados los moldes bien limpios, puede procederse a incorporar el cuajo. La cantidad a añadir de éste en forma líquida es de unos 3 ml por 10 litros de leche (unas 30-50 gotas), con lo que la leche coagula en el plazo de 30-50 minutos. Una cantidad excesiva de cuajo confiere sabor amargo a los quesos. El cuajo no debe incorporarse directamente a la leche, sino disolverse antes en agua fría, con objeto de facilitar una buena mezcla.

Luego hay que verter la leche inmediatamente en los moldes de coagulación, que se pondrán en baño María, estufa o incubadora, para poder garantizar una temperatura uniforme. Se evitarán las fluctuaciones térmicas.

La leche coagula transcurridos 30-50 minutos; a continuación se inicia lentamente el desuerado.

Transcurridas 4-6 horas, pueden girarse un poco los moldes, con lo que éstos se vaciarán luego con más facilidad.

Descripción esquemática de la elaboración de queso fresco cilíndrico o «Gupferl»

Utilizar leche cruda o pasteurizada. En el segundo caso es necesaria la adición de calcio (2,5 ml de solución saturada de cloruro cálcico a 10 litros de leche)

Templar la leche a 23-25°C

↓

Añadir bacterias acidolácticas (cultivo desecado-congelado), a razón de media cucharada de café a 10 l de leche

↓

Disolver bien el cultivo agitando con frecuencia
Duración de unos 30 minutos

↓

Adición del cuajo (líquido al 1:15.000), 3-4 ml a 10 l de leche
Diluir el cuajo en agua fría (potable)

↓

Llenar rápidamente (máximo 20 minutos) los moldes de coagulación

↓

Graduar el baño María o estufa de incubación a 23-25°C

↓

Tiempo de coagulación: hasta que la leche se espesa, 30-40 minutos;
hasta que el queso está dispuesto, 12-16 horas

↓

Girar los moldes 3-5 horas después de incluir el cuajo

↓

Vaciar los moldes y dejar que su contenido acabe de desuerar a temperatura ambiente en bandejas adecuadas (de acuerdo con la consistencia del queso). Duración: 2-5 horas

↓

Refrigerar los quesos a 5-7°C

Láminas de color

Figura 15. Calentamiento de la leche para yogur en un baño María sencillo.

Figura 16. (Der. arriba) Siembra con cultivo.

Figura 17. Llenado de los tarros para yogur con leche sembrada.

Figura 18. Incubación en baño María.

Figura 20. Utensilios para la elaboración de queso fresco: Olla para templar la leche, cultivo desecado-congelado, cuajo, jarra de pico, moldes de coagulación con pipeta para dosificar el cuajo, baño María.

Figura 29. Cuajada con suero en la superficie.

Figura 30. Corte de la cuajada.

Figura 31. Traslado a la tina de desuerado, recubierta con un paño de trama fina.

Rulada de requesón.
Figura 34. (Izq. arriba) Mezcla del requesón con sal y otros condimentos.
Figura 35. (Izq. centro) Extensión de la mezcla de requesón.
Figura 36. (Izq. abajo) y
Figura 37. (Der. arriba) Enrollado del requesón para formar la rulada.
Figura 38. (Der. abajo) Producto terminado.

Figura 41. Prueba del cuchillo.

Figura 42. Corte tres planos.

Figura 43. Cuajada cortada antes de mezclar. El suero sobrenada la cuajada fragmentada.

Figura 44. Agitación de la cuajada cortada. Se observa el tamaño uniforme de los cubitos de cuajada.

Figura 45. Vertido de la cuajada fragmentada en los moldes con ayuda de una lata de envasado.

Figura 46. Quesos en los moldes después de la primera inversión.

Figura 47. Pulverizado de la superficie de los quesos con una suspensión de mohos.

Figura 52. Utensilios para la elaboración de queso de corte: Tina de quesería con chapa de removido y «lira», diversos moldes para queso, tamiz de quesería con tubo, prensa sencilla de quesería, lata de alambre para el lavado con agua y tubo de lavado.

Figura 53. Extracción del suero.

Figura 54. Adición de agua de lavado a través de un tubo con cánula finamente agujereada.

Figura 55. Quesos en moldes de inversión.

Figura 56. Frotado de los quesos con un cultivo de fermentos del rojo.

Figura 57. Quesos viejos dispuestos en el local de maduración. Se aprecia la superficie castaña-amarillenta.

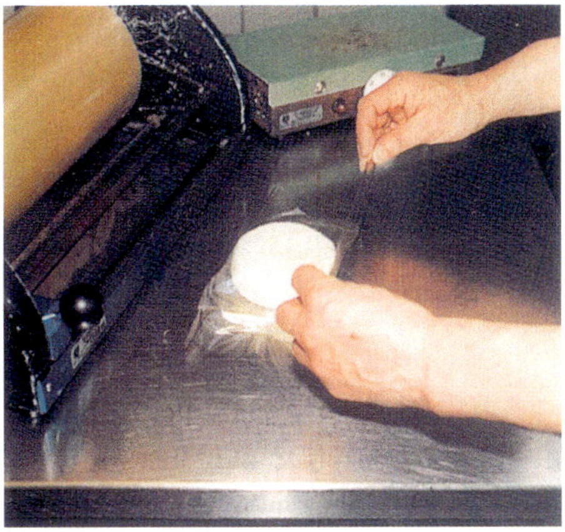

Figura 59. Envoltura en lámina sellada.

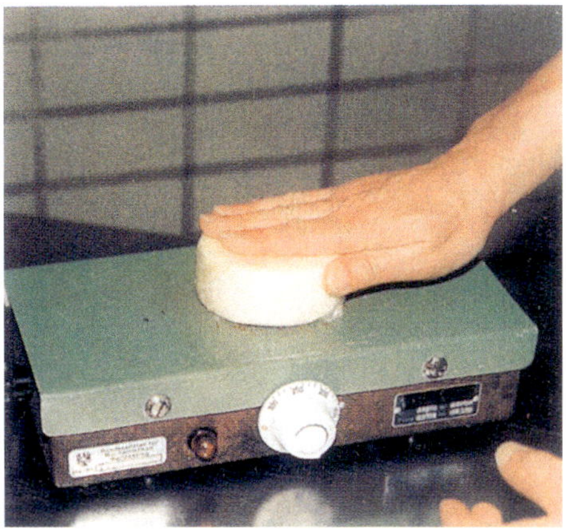

Figura 60. Sellado en una plancha caliente.

Figura 61. Inmersión en parafina caliente.

Figura 66. La cuajada sobrenada en la nata (con mezcla de hierbas aromáticas).

Figura 67. La nata es absorbida por los fragmentos de cuajada.

Al cabo de 12-16 horas, el queso sobrenada en el suero, puesto que se ha desprendido de las paredes de los moldes. Este es el momento de extraer el queso de los moldes. El vaciado de los cilindros debe realizarse con cuidado, pues el queso está todavía relativamente blando (colocar debajo tiras de papel impermeable). Por esto es necesario dejar reposar los quesos todavía durante algún tiempo (3-5 horas) en bandejas en las que concluye el desuerado. Entonces las piezas han adquirido ya su consistencia definitiva y pueden refrigerarse. El recubrimiento con suero previamente calentado mejora la capacidad de conservación, puesto que entonces ya no puede producirse desecación excesiva ni enmohecimiento.

El tiempo de conservación de estos quesos es de unos 10 días. Sin embargo, cuanto más fresco es el queso, mejor es su sabor.

La elaboración artesanal de estos quesos se basa en una vieja tradición verbal. De aquí que existan pequeñas diferencias de procedimiento entre unas casas y otras. Como en tiempos antiguos la elaboración de tales quesos dependía sólo de la experiencia y no se conocía con exactitud las causas de la acidificación, coagulación y desuerado, se buscaban en la naturaleza los motivos de los defectos de la producción. Esto significa que se echaba la culpa a la climatología cuando el queso de oveja no resultaba bueno. Esta creencia ha sido mantenida por mucha gente hasta nuestros tiempos, y sigue sosteniéndose que la preparación de este tipo de queso sólo es posible con unas condiciones atmosféricas adecuadas. Es cierto que se presentan de vez en cuando defectos de producción, sobre todo cuando el tiempo está revuelto, en días cálidos y también lluviosos. Pero la realidad es que el tiempo sólo es indirectamente responsable de tales anomalías; el propio elaborador del queso debe buscar las causas de los defectos de sus piezas.

Figura 26. Producto defectuoso: El queso presenta muchos agujeros, debidos a la formación de gas por gérmenes contaminantes.

Figura 27. Este es el aspecto que debe mostrar el queso. Superficie lisa y brillante y ausencia de agujeros en el interior.

Defectos de producción

Hay que destacar dos defectos principales en la producción:

1. El queso desuera mal, no se desprende de los moldes, a los que queda adherido, y es demasiado blando.
2. El queso desuera normalmente, pero sobrenada en el suero y presenta muchos ojos.

Ambos defectos son contrarios a las preferencias del consumidor, el queso aparece defectuoso y no es comerciable. ¿Cuáles son las causas de estos defectos y por qué se relacionan con el tiempo atmosférico?

Respuesta a 1: El queso no desuera correctamente y está demasiado blando

La mayor parte de las veces obedece a una temperatura demasiado baja durante la coagulación de la leche. A tal efecto conviene recordar los procesos que tienen lugar en la coagulación por

Identificación y prevención de los defectos.

Defectos	*Causas*	*Prevención*
Producto demasiado blando y acuoso.	Mal desuerado por temperatura demasiado baja; tasa de proteína en leche demasiado baja; refrigerar durante el espesamiento.	Temperatura alta (óptima) en la elaboración; uso de instalación de incubación para evitar enfriamientos; mayor tiempo de coagulación.
Adherencia a los moldes.	Temperatura demasiado baja; mala acidificación; leche demasiado fría; no tratar previamente los moldes de coagulación.	Temperaturas más altas y uniformes; usar cultivos activos; enjuagar los moldes de espesamiento con agua de vinagre o suero calientes antes de su empleo.
Ojos en el queso, que sobrenada.	Formación de gas por gérmenes contaminantes.	Limpieza general de los útiles; observación de la higiene; temperaturas correctas; aumentar cantidad de cultivo; calentar previamente el suero (como mínimo a 80°C); más corto tiempo de coagulación
Quesos viscosos y filantes.	Contaminación con gérmenes formadores de mucus.	Limpieza general de los útiles; limpieza absoluta en las operaciones; utilizar cultivos activos.
Sabor amargo.	Cantidad excesiva de cuajo; higiene deficiente; queso demasiado viejo.	Reducir la cantidad de cuajo; acortar el plazo de almacenamiento.
Sabor soso o dulzón.	Acidificación deficiente.	Aumentar la cantidad de cultivo; utilizar cultivo activo; controlar la temperatura.

el cuajo (ver «Proteína de la leche» y «Coagulación por el cuajo y factores que influyen», págs. 23-25). Allí se explica que en la coagulación por acción del cuajo, las diversas fracciones proteicas de la leche se unen mediante puentes salinos propiciados por el calcio contenido en la misma y forman una red tridimensional, así como que estos puentes calcio-salinos tienen por misión retraerse. Cuanto más alta es la temperatura, con mayor fuerza se retraen los puentes salinos y mayor cantidad de suero se expulsa. Por consiguiente, si la temperatura desciende por debajo de 20°C, por ejemplo como consecuencia del enfriamiento atmosférico que se produce en días lluviosos, la fuerza de retracción del cuajo es menor y el queso desuera peor. Además se retarda la acidificación, ya que entonces las condiciones en que se hallan las bacterias no son las ideales para su multiplicación. Como consecuencia, se pierde la acción coadyuvante de la acidificación para el desuerado, los quesos persisten demasiado blandos y se suelen «pegar» a los moldes.

Respuesta a 2: El queso se desuera bien, pero sobrenada y muestra muchos ojos

Este defecto es atribuible principalmente a temperaturas demasiado elevadas o a una acidificación deficiente, es decir, lenta. Los procesos de coagulación

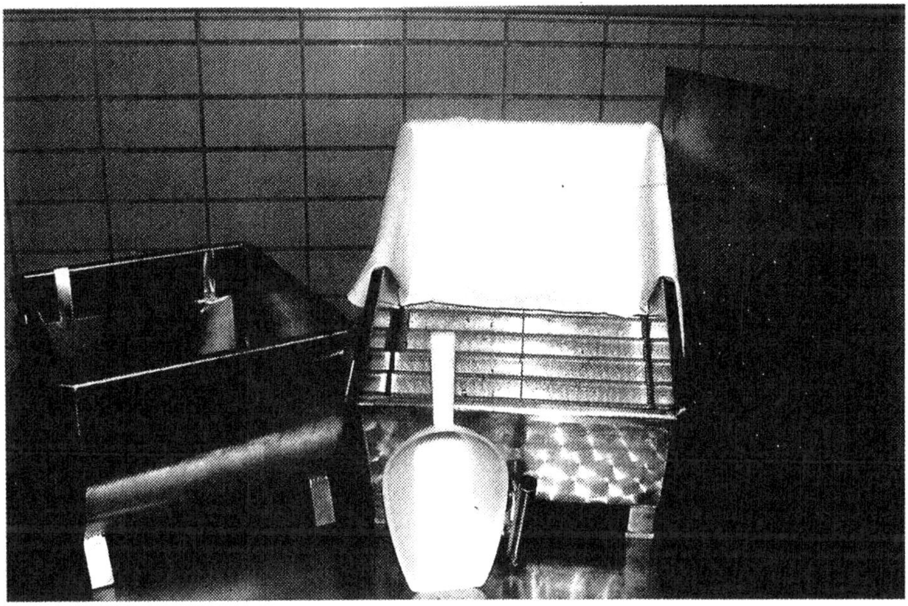

Figura 28. Utensilios para la elaboración de requesón: Tina de quesería con chapa de removido, tina de desuerado con doble fondo, tapa de presión y paño para el requesón, cogedor para el traslado de este último.

Nota: *Las Figuras 29, 30 y 31 se encuentran en el pliego de color.*

enzimática y retracción del entramado calcio-salino discurren muy bien con temperaturas altas (por encima de 30°C), con lo que el queso se desuera perfectamente, pero estas temperaturas favorecen al mismo tiempo el desarrollo de los gérmenes coliformes, que entonces prosperan más y mejor que las bacterias acidolácticas. De esta manera se forman los ojos del queso, ya que los gérmenes coliformes generan gas al multiplicarse. Sucede lo mismo cuando se utiliza cultivo viejo o sobreacidificado o si no se incorpora ningún cultivo.

Solución de estos problemas de producción

Garantizar el mantenimiento de la temperatura óptima de acidificación y coagulación utilizando una instalación de incubación, además de añadir oportunamente bacterias acidolácticas activas, con objeto de eliminar los gérmenes nocivos. Respetando estos dos principios, se consiguen buenos quesos, incluso siendo el tiempo inconveniente.

«Quark»

Material necesario

- Tina para el queso.
- Agitador.
- Paño de trama fina.
- Tina de desuerado con doble fondo y tapa a presión o tina (barreño) con agujeros.
- Paleta llana.

Elaboración

El Quark es un producto relativamente fácil de preparar y en el que no se registran prácticamente defectos de producción. Para obtener una cuajada lisa, untuosa y atractiva sólo hay que conceder importancia primordial a la acidificación, favoreciendo la acción del cuajo (ver pág. 38). Esto se logra prestando atención a la temperatura, cultivo incorporado, cantidad y tiempo de actuación del cuajo (ver también la «Descripción esquemática de la elaboración», pág. 59).

La leche se templa a 22-26°C para crear condiciones óptimas para las bacterias acidolácticas, para lo cual se demora la adición del cuajo. Como cultivo se emplea leche fermentada o suero de leche normales, en la cuantía del 1-2% o cultivo desecado-congelado en las dosis indicadas por el fabricante. Después de entremezclar bien el cultivo, se deja reposar el conjunto 2-3 horas. Este plazo hace falta como tiempo de incubación, para que las bacterias acidolácticas puedan aclimatarse bien y, al multiplicarse, iniciar la formación de ácido.

Tras este tiempo se añade una pequeña cantidad de cuajo: 0,1 hasta un máximo de 0,2 ml a 10 litros de leche. De acuerdo con el tamaño de las gotas, esto corresponde a 2-4 gotas de líquido por 10 litros de leche. Esta pequeña cantidad de coagulante se diluye en algo de agua fría, con lo cual se mezcla luego mejor. A continuación se tapa y se deja reposar la leche con el cuajo hasta el día siguiente.

A la mañana siguiente (transcurridas 14-18 horas) se forma una masa coagulada consistente y de buen aspecto, con suero en la superficie. El coágulo se traslada entonces a la tina de desuerado y se cubre con el paño de malla fina. Las cuajadas muy grandes, 2-3 horas antes de extraer la masa coagulada es conveniente cortarlas en sentido longitudinal y transversal con un cuchillo o una paleta a distancias de 5-10 cm.

Después del trasiego, se deja reposar la cuajada 30 minutos, se retuerce el paño, se coloca un peso encima y se comprime con presión en aumento progresivo lento. En el transcurso de la operación se aflojará unas cuantas veces la masa de cuajada, para volverla a entremezclar, ya que el desuerado se produce con rapidez en las zonas más externas, mientras que la masa se conserva todavía muy húmeda en el centro.

En el aflojado se comprobará también si la cuajada ya está suficientemente seca y puede darse por concluida la compresión. A tal fin, el paño se coge por dos extremos y se estira sobre la masa de cuajada, con lo que ésta se comprime y entremezcla, originándose una masa uniforme, cuyo aspecto será muy ilustrativo. Si ya no es brillante y húmeda, sino mate, la cuajada alcanzó la consistencia deseada, pudiendo entonces entremezclarse, refrigerarse y sacarse a la venta. En el mezclado, la masa debe estar todavía blanda, pues en el refrigerado se contrae un tanto y adquiere la consistencia correcta al concluir el enfriamiento. Si se comprime durante un

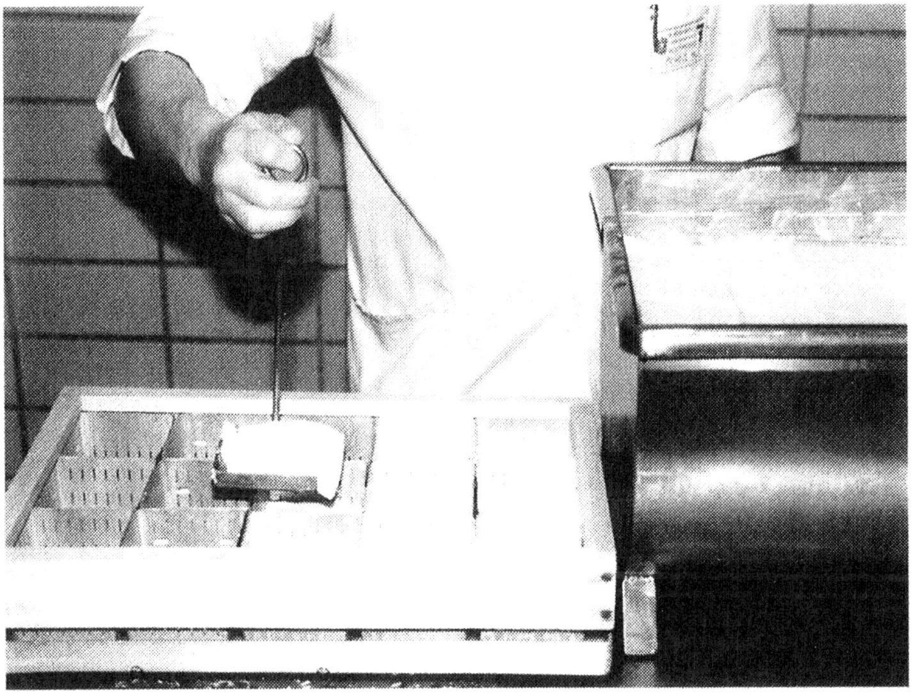

Figura 32. Traslado del queso en capas a los moldes.

Figura 33. Extracción de los quesos de los moldes.

Nota: *Las Figuras 34, 35, 36, 37 y 38 se encuentran en el pliego de color.*

tiempo excesivo, hasta que se consigue la consistencia pretendida, la cuajada se hará demasiado dura y reseca durante la refrigeración. De acuerdo con la cantidad trabajada, la compresión dura 1-3 horas.

Pero, en lugar de comprimir, también se pueden atar los extremos del paño y dejar colgado éste. El desuerado se va produciendo poco a poco, ya que la cuajada sólo resulta entonces comprimida por su propio peso. Esta fase dura entre 10 y 24 horas, plazo necesario para alcanzar la deseada consistencia.

Queso en capas

El nombre de queso en capas deriva de verterse en los moldes capas de cuajada con distinto contenido graso. En su forma más original, el queso en capas se elaboraba con leche de vaca; se desnataban los 2/3 de la leche a utilizar y la crema obtenida se añadía al tercio de leche restante. Luego, se trabaja con ambas cuajadas, colocando primero en el fondo de los moldes una capa de cuajada magra, después una capa rica en grasa, y por último se vierte una última capa de cuajada magra. Como consecuencia del color amarillento de la grasa de leche de vaca, al cortar el queso se obtiene un atractivo estratificado blanco-amarillento.

Como las grasas de oveja y cabra de color blanco, se puede renunciar al descremado de una parte de la leche y, modificando la elaboración, verter en capas en los moldes sólo una cuajada. Para mejorar el sabor, se pueden distribuir entre las capas condimentos o hierbas aromáticas. Invirtiendo varias veces los moldes, se consigue un desuerado lento y uniforme. Tras 12-16 horas de goteo, los quesos se refrigeran en los moldes. Con ello ganan en consistencia y pueden extraerse de los moldes y envolverse.

Aun cuando este queso en capas es fundamentalmente el mismo producto que el quark, su palatabilidad es diferente, por lo que puede considerarse variedad propia. Como el queso en capas no se comprime, sino que actúa sobre él únicamente su propio peso, conserva mejor la estructura fina y delicada que la cuajada, por lo que el queso tiene un sabor también más fino, delicado y selecto.

Incorporando sal, pimienta y cebolletas, o bien en unión de una mermelada ligeramente ácida (por ejemplo, de arándano rojo o grosella), el queso en capas se convierte en un exquisito manjar.

Descripción esquemática de la elaboración de «Quark» y queso en capas

Utilizar leche cruda o pasteurizada. En el segundo caso tampoco es necesario incorporar cloruro cálcico.

Templar la leche a 22-26°C

↓

Agregar bacterias acidolácticas, leche fermentada o suero de leche (1-2%) o bien cultivo desecado-congelado en las dosis recomendadas

↓

Incubar (dejar en reposo) durante 2-3 horas

↓

Añadir el cuajo (líquido al 1:15.000, 0,1-0,2 ml por 10 litros de leche = 2-4 gotas); diluir el cuajo en agua fría (agua potable)

↓

Espesamiento: dejar reposar la leche tapada 14-18 horas a 22-26°C

↓

Verter con perol al efecto (utilizar pala o espumadera plana)

↓	↓
«Quark»	**Queso en capas**
↓	↓
En recipiente forrado de tela de malla fina y con doble fondo; espesor máximo de la capa: 10 cm.	En moldes para queso en capas del tamaño deseado; verter las cuajadas en capas
↓	↓
Dejar reposar 30 minutos; doblar luego la tela y comprimirla con presión creciente hasta que la cuajada exhibe la deseada consistencia (según la cantidad, entre 1 y 3 horas)	Invertir los moldes tras 12-16 horas de goteo, cada 3-4 horas, en total, 3-4 veces; llevar los moldes llenos al refrigerador
↓	↓
Entremezclar bien la cuajada, envasar y enfriar a 6°C o utilizar en la elaboración de especialidades	Tras refrigeración, extraer de los moldes y envasar, depositando luego en refrigerador (los quesos todavía están húmedos)

Identificación y prevención de los defectos.

Defectos	*Causas*	*Prevención*
Producto demasiado seco y consistente	Desuerado excesivo por: – prensar durante demasiado tiempo – demasiado cuajo – temperatura muy alta	Reducir la cantidad de cuajo (¿es correcta su fuerza?); controlar la temperatura: mayor cantidad de cultivo; reducir el tiempo de prensado
Desuerado deficiente, producto demasiado húmedo	Temperatura demasiado baja; muy escasa cantidad de cuajo: prensado incorrecto; tina de desuerado demasiado pequeña (capa excesivamente gruesa)	Controlar la temperatura; aumentar la dosis de cuajo; mayor fuerza en el prensado; tina de prensado de mayor tamaño o llenar menos la pequeña
Exceso de humedad	Prosigue el desuerado debido a acidificación insuficiente	Mayor cantidad de cultivo; usar cultivo desecado-congelado más activo; controlar la temperatura; prensar con más fuerza
Fuerte adherencia al paño	Acción del cuajo demasiado intensa; acidificación insuficiente	Aumentar cantidad de cultivo; usar cultivo más activo; controlar la temperatura; mayor tiempo de espesamiento
Sabor amargo	Cantidad de cuajo excesiva	Disminuir cantidad de cuajo; cambiar la clase de pienso
Sabor dulzón, insulso	Acidificación deficiente	Cambiar de cultivo (cultivo más activo); aumentar cantidad de cultivo; controlar la temperatura
Sabor anodino y sin aroma	Ausencia de bacterias acido-lácticas generadoras de aroma	Cambiar de cultivo

Tratamiento del «quark» para la obtención de otros productos

A partir del quark pueden prepararse ricas pastas untables. Muchos libros de cocina incluyen recetas para preparar pastas de esta clase para extender sobre el pan. Cuidado con las recetas que incluyen huevos, carne, embutidos y aditivos similares (¡contenido de gérmenes!). Tanto para consumo propio como para venta directa, las pastas para extender deben estar recién preparadas, en cantidades que puedan consumirse de inmediato. En la venta de «quark natural», ésta puede acompañarse de recetas para su transformación en casa.

Pero a partir del quark pueden prepararse otros productos, como rulada de cuajada, rollos condimentados, «gupferl» de requesón y similares. Sobre todo los franceses disponen de una extensa variedad de presentaciones, elaboradas todas ellas a partir de una pasta básica. Estos quesos pueden venderse como especialidades de queso fresco.

Para este tipo de tratamiento, la cuajada debe estar un poco más seca (prensar con más fuerza), con objeto de conservar la forma. Conformando y sometiendo a tratamientos diversos el mismo producto de partida, pueden elaborarse distintas clases de queso fresco.

Atendiendo a la forma, existen muchas variedades, como rollos grandes o pequeños, bolas, panecillos, tacos, triángulos, tabletas, pirámides y otras.

También en el posterior tratamiento son posibles prácticamente todas las variedades. Agregando a los quesos formados pimentón, pimienta, comino, eneldo, perejil, etc., o mezclas de los mismos, se obtienen nuevas clases: sólo es necesario tener un poco de fantasía y buen paladar para los sabores.

El envasado de estas especialidades se aparta de lo habitual. Cajas de madera decoradas con hojas de castaño, nogal o vid, o con esterillas de paja, no sólo tienen aspecto agradable, sino que se venden mejor. El material de adorno se adquiere en tiendas especializadas y también en papelerías. En ningún caso deben utilizarse hojas del árbol que tengamos más a mano, pues se marchitarían enseguida, además de poder llevar insectos o parásitos diversos.

Como cabe imaginar, la elaboración es sencilla. Mezclar la cuajada o requesón con sal y condimentos, con lo que se obtiene una masa elástica capaz de adoptar con facilidad las formas más variadas. Forrando los moldes con papel encerado, la cuajada no se pega a los moldes. Refrigerando a fondo, la cuajada adquiere mayor consistencia y se desprende luego con mayor facilidad del papel.

Rollos condimentados o con hierbas

Meclar el queso fresco con el 0,8-1% de sal y convertirlo en rollos pasándolo por la máquina embutidora. Para que adquieran mayor consistencia, estos rollos deben permanecer algún tiempo en el frigorífico. Después, de acuerdo con el sabor, se hacen rodar por encima de hierbas aromáticas o condimentos, envasando a continuación.

Rulada de requesón

Mezclar la cuajada con sal y otros condimentos y remover uniformemente. Extender la mezcla de cuajada sobre papel encerado en una capa de aproximadamente 1 cm de espesor y espolvorear con hierbas aromáticas. Dejar luego en el refrigerador el tiempo suficiente para que el requesón pueda separarse fácilmente del papel (10-20 minutos). Volcar y enrollar.

Si la cuajada está todavía demasiado blanda, por haber sido demasiado breve la refrigeración, el rollo no mantiene su forma; si el tiempo de refrigeración es demasiado largo, la cuajada se rompe al enrollar.

Recetas con quark o requesón

Queso untable tipo Liptau

50 g mantequilla
200 g requesón
1 cebolla pequeña
sal, comino, pimentón, mostaza
5 alcaparras
1 pepinillo en vinagre
1 sardina

Picar finamente el pepinillo, cebolla, alcaparras, comino y sardina, mezclar con la cuajada y mantequilla agitada hasta formar espuma, agregar la sal, pimentón, mostaza y pimienta al gusto.

Queso para extender tipo Wachau

250 g requesón
250 ml nata
120 g mantequilla
1 cebolla finamente picada
2 dientes de ajo machacados
sal, pimienta, pimentón, comino
puerro picado

Batir la mantequilla hasta punto de espuma y mezclarla con los demás ingredientes; esparcir el puerro.

Queso Sacher

40 g mantequilla
500 g quark
1 huevo duro
1 sardina
1 cebolla pequeña
1 pepinillo en vinagre
sal, mostaza, pimentón
1 ramita de perejil

Picar finamente la cebolla, sardina, pepinillo y perejil; machacar y filtrar el huevo. Batir la mantequilla a punto de espuma y mezclarla con los ingredientes. Condimentar con la sal, mostaza y pimentón al gusto.

Pasta untable de huevo

250 g quark
125 g nata ácida
4 huevos duros
mostaza, sal, pimienta, hierbas aromáticas de temporada

Mezclar la cuajada con la nata, condimentar al gusto y añadir mezclando bien los huevos finamente picados.

«Fenerzauber» (fuego mágico)

200 g quark
50 g mantequilla
1 yema de huevo
3 cucharadas tomate ketchup
mostaza
pimentón y curry, sendas puntas de cuchillo
1 cucharada cebolla finamente picada
sal

Batir mantequilla y requesón hasta punto de espuma, mezclar con los demás ingredientes y condimentar al gusto.

Brazo de primavera

250 g quark
100 g yogur
sal, azúcar
1/2 limón
5-6 gotas tabasco
1 cucharada de cebolla picada
3 cucharadas de berro picado
1 cucharada de puerro picado

Mezclar cuajada con yogur y condimentar con sal, azúcar, jugo de limón y tabasco. Como final, agregar la cebolla y las hierbas.

Requesón al apio

250 g requesón
100 g yogur

120 g apio rallado crudo
1 manzana rallada
sal, azúcar, jugo de limón

Batir requesón y yogur a punto de espuma, agregando luego el apio y la manzana rallados. Condimentar con sal, azúcar y jugo de limón.

Extender bien sobre pan moreno. Espolvorear con avellanas picadas.

Requesón vienés al rábano picante

250 g requesón
4-5 cucharadas de nata
2 cucharadas rábano picante recién rallado
100 g jamón cocido
1 punta de cuchillo de pimienta de Cayena
azúcar, sal

Batir requesón y nata hasta punto de espuma y añadir el rábano. Picar el jamón cocido en cubitos muy menudos y entremezclarlo con los condimentos.

Requesón al curry

250 g requesón
4-5 cucharadas nata
1 plátano
1 cucharada de curry picante
1 punta de cuchillo de pimienta de Cayena
sal, azúcar

Batir el requesón con la nata; mezclar luego con el plátano convertido en pasta y los condimentos.

Requesón con cominos

250 g requesón
150 g mantequilla
cominos
2 copitas de aguardiente de comino

Batir la mantequilla hasta formar espuma, entremezclar con requesón y añadir cominos, sal y licor.

Pasta de requesón picante

250 g requesón
250 g mantequilla
250 g nata ácida
2 latas sardinas (sin piel ni espinas)
1-2 cebollas
3 huevos duros
3 pepinillos
algunas olivas
sal, pimienta,mostaza
jugo de limón

Batir cuajada, mantequilla y nata ácida hasta punto de espuma y entremezclar con los demás ingredientes; condimentar al gusto. Adornar con rodajas de huevo duro, pepinillos y aceitunas.

Requesón de arenques

250 g requesón
2 cucharadas de jugo remolacha roja
2 cucharadas de cebolla picada
1/2 manzana rallada
2 filetes arenque fresco (Matjes)
1 arenque Bismarck grande
3 cucharadas de remolacha roja picada
2 cucharadas de remolacha hervida picada
3 cucharadas nata

Revolver la cuajada con la nata y el jugo de remolacha roja; añadir cebolla y manzana. Cortar en cubos pequeños el arenque Bismarck y los filetes de Matjes remojados, y entremezclar todo.

Requesón de atún

150 g requesón
50 g mantequilla
1 lata pequeña de atún
sal, pimienta blanca

Pasar el atún por una criba hasta formar pasta; batir bien con la mantequilla y el requesón y condimentar al gusto.

«Partyfeuer»
250 g requesón
2 cucharadas tomate ketchup
sal
5 anchoas enrolladas
5 dientes de ajo
1 pimiento rojo
1 pimiento verde

Mezclar todos los ingredientes y servir convenientemente adornados.

Requesón «jet-set»
250 g requesón
1 taza nata
100 g salmón ahumado
1 vaso caviar
1 punta de cuchillo pimienta de Cayena
1/2 cucharada eneldo picado

Batir el requesón hasta espuma y añadir la nata. Cortar el salmón en trozos pequeños y, junto con el caviar, pimienta de Cayena y eneldo, dejar en el fondo del requesón. No agitar más.

Quesos blandos

Quesos blandos son aquéllos que tienen un contenido en humedad relativamente alta, si bien exhiben una capacidad de conservación superior a la de los quesos frescos, por lo que pueden almacenarse. La mayoría de los quesos blandos se someten a una maduración, aunque también pueden consumirse frescos, es decir, sin madurar.

La elaboración de los quesos blandos se diferencia claramente de la de los quesos frescos, pues en ella, además de una exacta preparación de la cuajada, se lleva a cabo el tratamiento de ésta en la tina al efecto, con lo que el desuerado se controla a voluntad. Con esta regulación controlada del proceso de desuerado, se influye sobre la consistencia del queso.

Debido a la técnica de fabricación, los quesos blandos son relativamente ácidos y tienen un núcleo central que recuerda el requesón. Representantes típicos de quesos blandos son el Camembert, Brie, Romadur, Limburger y otros. Los quesos blandos maduran con relativa rapidez. Su maduración progresa desde fuera a dentro. Sólo cuando la maduración progresó lo suficiente, comenzando por fuera, presentan la adecuada consistencia a la que deben su denominación tradicional. Recién preparados son muchas veces bastante consistentes, para ir perdiendo dureza en el centro sólo progresivamente. Los quesos blandos tienen un 60% de agua (por tanto, el 40% de componentes sólidos = extracto seco), con un rango de variación del 55-65%. La proporción de agua en el queso desengrasado (valor AQD) oscila entre 67 y 73%.

Material necesario

Para esta elaboración es necesario realizar una cierta inversión, aunque inicialmente puede recurrirse a la improvisación.

Medios básicos

- Cuba de quesería, a ser posible conectada con un baño María o caldera de doble pared.

Figura 39. Utensilios para la elaboración de queso blando: Tina para el queso con chapa de removido y marco alambrado, moldes para queso, recipientes de inversión y lata de envasado.

- Chapa de removido.
- Marco alambrado (lira de quesería).
- Moldes.
- Recipientes de inversión con esterilla inferior.
- Si es caso, lata de llenado.
- Termómetro.
- Cultivo acidificador y cuajo.
- Cloruro cálcico (para cuando se trabaje con leche pasteurizada).

La forma que debe tener la tina es en principio indiferente. La preparación de la cuajada resulta más sencilla en las cubas cuadradas o cuadrangulares; las redondas no se prestan tan bien para este trabajo. Si se trabaja con cantidades pequeñas, lo mejor es preparar un baño María para mantener constante la temperatura. Cuando se vayan a preparar cantidades mayores, lo ideal es disponer de un recipiente de doble pared, bien aislado, bien con la calefacción regulada mediante termostato en la doble pared.

La chapa de inversión es necesaria para mover (agitar, dar la vuelta) la cuajada. Para esto sirve una lámina metálica plana o una paleta ancha. Con un cucharón o una espumadera la cuajada se desmenuzaría y no se podría elaborar queso blando.

El marco alambrado (lira de quesería) debe adaptarse en su tamaño al de la tina de coagulación y contará con finos alambres o cordones metálicos tensados. La separación de los alambres depende de la consistencia que se quiera conferir al queso; normalmente es de 1-1,5 cm. Con este marco alambrado se puede realizar exactamente el corte en tres direcciones, es decir, el fragmentado de la cuajada en tres planos para obtener cubitos de tamaño uniforme. En las

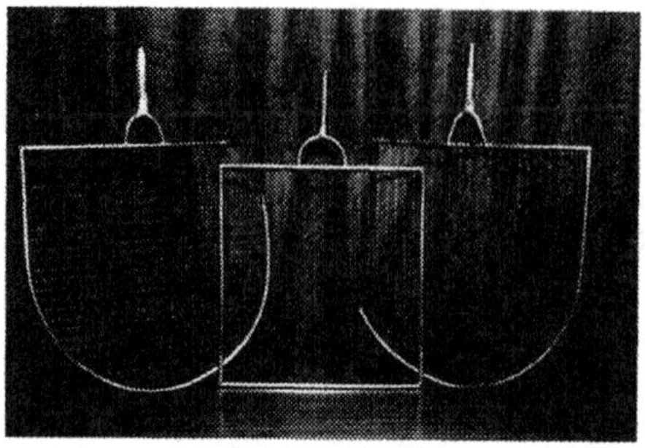

Figura 40. Diversos modelos de marcos alambrados (liras de quesería).

Nota: *Las Figuras 41, 42, 43, 44, 45, 46 y 47 se encuentran en el pliego de color.*

cubas cuadradas o en las rectangulares cuya longitud sea doble de la anchura, basta con una lira de esta clase; en otros tipos de tina se precisan dos o tres marcos alambrados para poder cortar en tres planos.

Que los moldes para el queso sean redondos, ovalados, rectangulares, cuadrados o de otras formas, queda a discreción de cada fabricante. A este capítulo no se le han puesto límites. Sólo es importante la altura de los moldes. Aquí debe tenerse en cuenta que los quesos se retraen y se comprimen en los moldes más de la mitad. Por ello, los moldes deben tener una altura por lo menos doble de la del queso que se desee preparar (por consiguiente, para quesos de 5 cm de altura harán falta moldes como mínimo de 10 cm de altura).

Para invertir los quesos, estos moldes se colocan sobre la llamada chapa de inversión. Esta debe tener un pequeño reborde, con objeto de retener mejor los moldes. Para favorecer el desuerado, se coloca debajo de los moldes una esterilla (como una densa tela metálica para moscas). El suero no puede fluir sobre una chapa lisa.

Como los moldes deben llenarse con relativa rapidez, es ventajoso utilizar un pequeño jarro de hojalata, sobre todo en pequeñas unidades. Con esto se evitan pérdidas, porque la cuajada no se sale los moldes.

Elaboración

Una característica típica de la fabricación de quesos blandos es la preparación y tratamiento de la cuajada. Esto quiere decir que la cuajada se fragmenta en cubitos: es la llamada «rotura» de la cuajada. Esta cuajada cortada se revuelve para conseguir un desuerado uniforme. Por tanto, el queso debe sobrenadar en el suero.

Debido al elevado contenido de proteína de la leche de oveja, es necesario añadir agua a esta leche, para asemejar dicha tasa proteica a la de la leche de vaca, con lo que se facilita la elaboración de estos quesos. La cantidad de agua a añadir depende, como ya se ha dicho, del porcentaje de proteína de la leche. Al principio de la lactación está en torno al 20%, para aumentar al final de la lactación hasta el 35-40%. La práctica diaria en la elaboración de queso nos dirá la cantidad de agua que debe incorporarse en cada momento. La adición de agua no constituye ningún fraude según el Código Alimentario alemán, ya que el agua fluye junto con el suero.

La leche limpia, obtenida en condiciones higiénicas y con la correspondiente cantidad de agua potable se templa a la temperatura de 30-33°C, que se mantendrá durante toda la elaboración del queso. La manera más fácil de conseguir esto consiste en introducir la tina con la cuajada en un baño María.

A continuación se añaden las necesarias bacterias acidolácticas (cultivo). Para la fabricación de queso blando sirven sobre todo aquellas cepas bacterianas contenidas en la leche acidificada o suero de leche. La cantidad a añadir es del 0,7-1% de la cantidad de leche todavía sin aguar. La incorporación de cultivo desecado-congelado se hará de acuerdo con las instrucciones del fabricante. Es necesario entremezclar bien este cultivo.

Cuando se elabora queso con leche calentada, es decir, pasteurizada, también debe añadirse calcio. Esto es necesario para conseguir una buena acción del cuajo, pues en caso contrario la leche no coagula correctamente. Esta incorporación se hace en su forma más sencilla utilizando solución saturada de cloruro cálcico, admitida por el Código Alimentario alemán. Desde el 1.1.1995 no es obligatorio declarar esta adición en Austria. Utilizando una solución saturada, basta la adición de 2 ml a 10 litros de leche. Si el cloruro de calcio se presenta en polvo, basta con agregar 2 g a 10 litros de leche. (Ver también «Sustancias auxiliares» en pág. 29).

A continuación se prepara el cuajo. Si se utiliza en forma líquida, son suficientes 2-2,5 ml por 10 litros de leche. El cuajo se diluye en una pequeña cantidad de agua fría, con lo que puede mezclarse y repartirse mejor en la leche. Luego se dejará reposar la leche, pues se inicia el proceso de coagulación, que dura alrededor de 30-40 minutos.

La adecuada consistencia de la leche coagulada, el llamado coágulo, se determina con la prueba del cuchillo. Para ello se emplea un cuchillo, que se introduce en el coágulo, se hace girar un poco y se levanta ligeramente. La cuajada debe separarse limpiamente y el color del suero debe ser amarillento.

A continuación se realiza la operación del cortado, para facilitar la exudación del suero. La cuajada se fragmenta en cubitos de 1-1,5 cm de arista. La forma más sencilla de realizar esto es utilizando el marco alambrado o lira. El corte se verifica en tres planos, las llamadas tres direcciones. Primero se corta a lo largo, con lo que la cuajada se fragmenta en tiras (primer corte). Luego se corta transversalmente, con lo que se forman columnas a partir de las tiras (segundo corte). Por último, la lira se maneja de forma que los alambres seccionen la cuajada en cubitos según el tercer plano del espacio, tal como indica el dibujo 10.

De acuerdo con la separación de los alambres de la lira y del tamaño resultante de los cubitos de cuajada, los quesos resultan más blandos o duros. Cuanto más pequeños son los granos de cuajada, más consistente será el queso. Cuanto más fácilmente se realice el corte, más igual será el tamaño de los cubitos, más uniforme será el desuerado y con ello la consistencia y calidad del queso.

A continuación se dejará reposar la cuajada troceada, con lo que exuda el suero. Transcurridos 10-15 minutos, la superficie se cubre de suero, pudiendo iniciarse entonces el agitado o cambio de sitio de la cuajada.

Esta operación, en la que todavía resulta más favorecida la exudación del suero, ganando en consistencia la cuajada remanente, es la que proporciona el queso propiamente dicho. Debe llevarse a cabo con cuidado, con objeto de no romper el tamaño uniforme de los cubitos. Para ello se toma la chapa metálica al efecto, se introduce un poco en el borde de la cuajada y se levanta con lentitud. La chapa no debe introducirse a demasiada profundidad en la cuajada, para dar oportunidad a ésta de poder cambiar de sitio. Es necesario trabajar con cuidado para no romper el cuajo.

Tras varias removidas, los cubitos sobrenadan en el suero y pueden desuerarse por igual. La operación debe realizarse con frecuencia suficiente para que los cubitos no vuelvan a adherirse entre sí. Con la duración de esta agitación de los granos de la cuajada se puede influir sobre la consistencia del queso. Cuanto más tiempo se lleve a cabo, más consistente será el queso. Normalmente bastan 20-30 minutos. La masa fragmentada ha perdido en ese tiempo su atractiva forma de cubitos, ha disminuido de tamaño y es más sólida.

Cuando tiene suficiente consistencia, puede iniciarse el rellenado de los moldes. Los moldes colocados sobre la chapa de inversión se llenan de la manera más uniforme posible con la mezcla cuajada-suero. Es preciso trabajar con rapidez y de una vez para alcanzar siempre la misma altura de queso. La operación resulta facilitada si se emplea una lata de llenado.

Una vez llenos todos los moldes, se efectúa inmediatamente la primera inversión, para lo cual se coloca una segunda chapa de inversión sobre los moldes y se da la vuelta al total en un solo movimiento. Esto es necesario para obtener quesos de superficie lisa y de buen aspecto. La inversión se repetirá a intervalos cada vez más largos, con lo cual los quesos desueran uniformemente y pueden hundirse en los moldes. La segunda inversión debe hacerse 30-45 minutos después de la primera, y la tercera a unos 90 minutos de la segunda; la tercera inversión, se realizará a 3 horas de la segunda. En total se da la vuelta a los quesos 4-6 veces.

Los quesos permanecerán calientes en sus moldes hasta el día siguiente. Esto

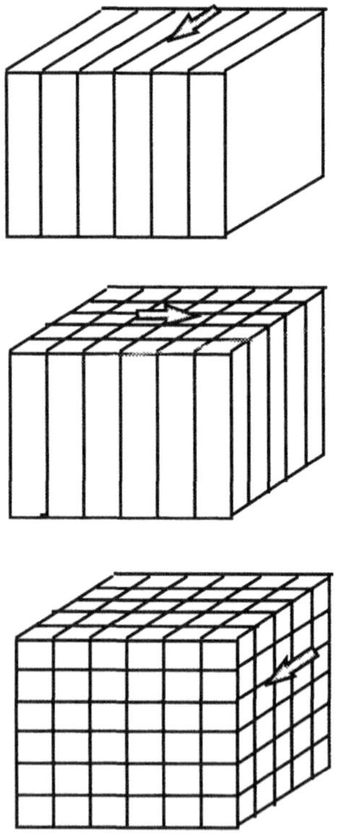

Gráfico 10. Cortes efectuados con la lira de quesería según las tres direcciones del espacio.

es necesario para que las bacterias acidolácticas puedan convertir la lactosa en ácido láctico, acidificando así por completo los quesos. Durante esta operación, la temperatura no debe bajar de 20°C, pues en caso contrario disminuye la velocidad de multiplicación de las bacterias y los quesos no estarán convenientemente acidificados a la mañana siguiente, sino que contendrán todavía lactosa. Si los quesos se enfrían, las consecuencias son mermas en la calidad.

Cuando quedan en el queso restos de lactosa, éstos se van desdoblando lentamente en el curso de la maduración, lo que supone una posterior acidificación. Como, según el principio de la coagulación enzimática, la acidificación favorece el desuerado, las piezas de queso se humedecerán en el recinto de maduración (ver también «Coagulación por el cuajo», pág. 25). La humedad altera el proceso de maduración y echa a perder los quesos. Por ello resulta importante controlar adecuadamente la temparatura, para crear unas condiciones óptimas para las bacterias acidolácticas y evitar que queden residuos de lactosa en el queso.

Salazonado y almacenamiento

Al día siguiente, cuando el queso ya está acidificado, hay que salazonarlo. Esta operación es importante para la formación de la corteza y el sabor del queso. Puede llevarse a cabo en seco o en un baño de salmuera. La ventaja de este último estriba en que permite controlar mejor la cantidad de sal captada por las piezas, a la vez que es un tipo de trabajo más barato por precisar menos mano de obra. En la salazón en seco nunca se sabe con certeza cuánta sal tomó el queso y qué cantidad de ésta se perdió por licuación. El empleo del baño de sal ya se ha expuesto en el capítulo de «Medios auxiliares», pág. 34, y es válido para toda clase de quesos, incluidos también los blandos.

A continuación del salazonado se dejan reposar los quesos 1-2 días en ambiente seco, con lo cual se produce el ligero desecado de la superficie y se forma la corteza. El tiempo que deben permanecer los quesos en almacenamiento depende de la maduración subsiguiente.

Maduración

El queso blando puede experimentar diversos tipos de maduración y también consumirse fresco. El queso blando sin madurar tiene sabor ligeramente ácido-salado, entre muy leve y casi neutro. Para ello se le deja secar como máximo un día después del salazonado; después se envuelve con papel metálico y se refrigera. Aun cuando el queso no tiene en este estado ningún sabor peculiar marcado, es solicitado por muchos consumidores.

Para la maduración se dispone de múltiples técnicas. En el apartado «Maduración de los quesos», pág. 88, se describen con más detalle la maduración en papel metálico o cera de revestimiento, la maduración con mohos, la maduración superficial con fermentos del rojo, la maduración mediante frotado con agua salada, mosto o vino, la inmersión en aceite y la maduración en salmuera.

Descripción esquemática de la elaboración de queso blando

Para facilitar la agitación de la mezcla cuajada-suero, añadir a la leche un 20-35% de agua, segúna la fase de lactación

↓

Templar la leche a 30-33°C

↓

Añadir el cultivo de bacterias acidolácticas, leche acidificada o suero de manteca (0,5-1%) o bien cultivo desecado-congelado según instrucciones

↓

Agregar cloruro cálcico, cuando se trabaje con leche pasteurizada, 2,5 ml a 10 litros de leche

↓

Plazo de incubación (dejar en reposo) de 15-20 minutos

↓

Incorporación del cuajo (líquido, sol. al 1:15.000), 2,0 ml a 10 litros leche; diluir el cuajo con agua potable fría

↓

Tiempo de coagulación de 30-45 minutos

↓

Corte de la cuajada en cubitos (según tres planos) de 1-1,5 cm de lado

↓

Dejar reposar hasta que el suero recubra la cuajada, unos 15 minutos

↓

Remover la cuajada (de acuerdo con la consistencia buscada en el queso) unos 20-40 minutos

↓

Llenar los moldes con la mezcla cuajada-suero

↓

Invertir los moldes (inmediatamente después de llenar y luego a intervalos cada vez más largos); en total 4-6 veces

↓

Desuerado y acidificación del queso a temperatura ambiente (no inferior a 20°C) durante 16-20 horas

↓

Rendimiento de queso obtenido (de acuerdo con la consistencia): 2,0-2,2 kg a partir de 10 litros de leche

Identificación y prevención de defectos

Defectos	*Causas*	*Prevención*
Producto demasiado blando y pastoso	Contenido de agua excesivamente elevado en el queso	Temperatura de coagulación más alta; mayor tiempo de coagulación; cubitos más pequeños
Producto demasiado duro y consistente	Contenido de agua excesivamente bajo en el queso	Reducir temperatura de coagulación; acortar el tiempo de coagulación; corte en cubitos más grandes
Producto demasiado ácido	pH demasiado bajo en el queso	Menor cantidad de cultivo; lavado más intenso de la cuajada similar a requesón
Sabor dulzón	pH demasiado alto en el queso	Mayor cantidad de cultivo; cambiar de cultivo (usar otro más activo); no dejar que la temperatura descienda por debajo de 20°C durante la acidificación del queso
Humedecimiento del queso	Residuos de lactosa en el queso	Durante la acidificación, dejar reposar a más temperatura; usar cultivos más activos
Consistencia variable de los quesos de una cuajada	Contenido variable de agua de los quesos	Llenar los moldes con más rapidez, procurar cubitos de tamaño más uniforme; no desmenuzar la misma partida
Cuajada desmenuzada al remover	Cuajada demasiado blanda	Mayor temperatura de coagulación; añadir calcio a la leche; remover con más cuidado
Superficie fofa y viscosa tras el baño de sal	Imbibición de la proteína superficial	Graduar correctamente el pH del baño de sal
Muchos «ojos» pequeños; quesos esponjosos	Contaminación por gérmenes coliformes	Más limpieza en el ordeño y tratamiento de la leche; cambiar el cultivo por otro más activo; limpieza general

De acuerdo con el tipo de maduración, se generan diferentes tipos y sabores de quesos, que se conocen con nombres diversos. Sin embargo, no se debe intentar copiar exactamente ninguna clase de queso fabricada por la industria láctea, sino más bien dejarse inspirar por la intuición y habilidad y tratar de encontrar variedades nuevas con el sello de la fantasía propia. La denominación oficial de estos productos de fantasía debe expresar siempre «queso blando madurado con ......» o bien solamente «queso blando madurado».

Quesos madurados por mohos

Los quesos madurados por mohos son una variedad especial de quesos blandos. Entre ellos se incluyen tanto los que presentan mohos blancos en la superficie, como el Camembert o Brie, como los de enmohecimiento interno, como el Gorgonzola o Roquefort. Pero el rey de los quesos madurados por mohos es el queso de enmohecimiento doble: con mohos blancos en el exterior y mohos verdes o azules en el interior. Los representantes más conocidos de este grupo son el Bavaria Blue, Dolce Bianca, Troubadour y similares.

Los quesos de mohos blancos se elaboran normalmente en piezas pequeñas, como máximo de 1 kg. En cambio, en los quesos de mohos verdes, el tamaño de las piezas debe ser de 1,5-3 kg, para permitir que los mohos proliferen de manera suficiente en el interior. El queso de doble enmohecimiento se encuentra entre éstos, fabricándose por lo general en piezas de 1-2 kg, peso ideal para la maduración y manejo de estos quesos.

La elaboración de estas variedades se diferencia esencialmente de la del queso blando normal, por lo que procede su explicación más detallada.

Quesos madurados por mohos blancos tipo camembert

Características

Externas

Denso «césped» de mohos blancos, que se colorea ligeramente de tono castaño rojizo a medida que pasa el tiempo.

Internas

Color: blanco

Masa: blanda, elástica, con un núcleo a manera de cuajada, que con el paso del tiempo desaparece; los quesos viejos tienen corteza blanda bajo la capa de moho.

«Ojos»: bastante densos y poco marcados.

Olor y sabor: ligeramente aromáticos, similares al champiñón, en los quesos jóvenes levemente agrios.

Elaboración

Las principales características para la elaboración de estos quesos son:

- Adición de cultivo de mohos *(Penicillium candidum).*
- Corte de la cuajada en cubitos de 1,5-2 cm.
- Tratamiento de la cuajada relativamente escaso.

- Tiempos de coagulación relativamente cortos.
- Aparición de suero en los moldes.
- Tiempos cortos de maduración.

La fabricación de estos quesos se realiza como en todos los demás quesos blandos. Si sólo se elabora queso enmohecido blanco, el cultivo de mohos puede agregarse a la leche antes de incorporar el cuajo. Antes de añadirse a la leche, conviene dejar imbibir el cultivo de mohos (adquirido en forma de polvo) en un poco de agua fría. De no proceder así, sobrenada largo tiempo en la superficie de la leche y no se distribuye bien. Pero si en el mismo recinto de tratamiento de la leche se preparan también otros productos, es mejor espolvorear el cultivo de mohos sobre los quesos en la nave de maduración después de extraerlos de la salmuera. Con esto se reduce la posibilidad de contaminar con mohos otros productos.

Como cultivo acidificador se utiliza mejor leche acidificada en la proporción del 0,5-1% o cultivo desecado-congelado en las dosis indicadas por la firma fabricante. Si se trabaja con leche pasteurizada, es necesario añadir cloruro cálcico. La cantidad a incorporar es de 1 g a 10 litros de leche o de 2-2,5 ml de una solución saturada a 10 litros de leche.

El cuajo debe añadirse a la leche a 30-33°C de temperatura; la cantidad a agregar será de 2 ml a 10 litros de leche (utilizando cuajo líquido al 1:15.000).

Tras un tiempo de coagulación de 30-50 minutos, se corta la cuajada en cubitos lo más iguales posible de 1,5-2 cm de arista. Esto se realiza mejor utilizando una lira de quesería, con la que se practican tres cortes en las tres direcciones del espacio. Cuanto más uniformes son los cubitos, más igual será el queso.

Tras el corte, se dejan reposar los granos de cuajada durante 10-15 minutos. El suero exudado durante el reposo debe exhibir color entre amarillento y verdoso claro. Cuando el suero alcanza una altura de 1-2 cm sobre la superficie de la cuajada, se procederá a efectuar cuidadosamente el primer removido de la misma utilizando la chapa al efecto, con objeto de agitar la mezcla cuajada-suero. Este removido debe repetirse con frecuencia, pues permite que el desuerado sea más rápido y uniforme.

Al cabo de 20-40 minutos (según la consistencia deseada en el queso, por lo regular 25-30 minutos) se vierte la cuajada con el suero en los moldes y se invierte por primera vez. Esta inversión debe repetirse cada vez a intervalos más prolongados (en total, de 3 a 5 veces, por ejemplo nada más rellenar los moldes, luego al cabo de 45 minutos, tras 90 minutos, pasadas 3 horas y al cabo de 6 horas).

Tras efectuar la última inversión por la tarde, se deja reposar los quesos en los moldes hasta el día siguiente. Hay que poner máxima atención en la temperatura ambiente, para que la acidificación y el desuerado se produzcan sin interrupción y de manera uniforme. Lo mejor es trabajar con temperaturas entre 22 y 26°C. En ningún caso disminuirá la temperatura por debajo de 20°C (enfriamiento del queso).

Unas 18-20 horas después de llenar los moldes, se extraen los quesos y se llevan al baño de salmuera. Es particularmente importante la acidificación del baño salado con ácido láctico cuando vaya a ser utilizado de nuevo. El pH de la salmuera debe ser igual al pH del queso (en este caso, 4,8-5,0). La duración del baño de sal depende del tamaño de las piezas y del contenido de cloruro sódico que se desea.

Duración aproximada del baño de sal para quesos blandos madurados por mohos

Piezas de unos	80 g	40-50 minutos
	125 g	80-100 minutos
	300 g	120-150 minutos

Tras la salazón, los quesos se dejan reposar unas horas para que se sequen, tras lo cual pasan a la sala de maduración.

Maduración superficial con mohos blancos

Temperatura en el local de maduración	12-15°C
Humedad relativa ambiental	90-95%

Cuando sólo se elaboren quesos con mohos blancos, el cultivo de éstos debe añadirse a la leche de acuerdo con las instrucciones del fabricante inmediatamente antes de la incorporación del cuajo. Sacados los quesos del baño salado, se suele dejar que se seque un poco sólo su superficie, y se llevan al local de maduración. En éste deben utilizarse siempre emparrillados metálicos, para poder aplicar también mohos en la cara inferior de los quesos.

Cuando se aprecian grados distintos de maduración en los quesos de una misma partida, debe aplicarse moho adicionalmente (tras el baño salado) a la superficie del queso. Esto se realiza mejor con un frasco pulverizador, que se llena con agua a la que se incorporó algo de cultivo de moho. Entonces se procede a pulverizar con esta suspensión de mohos la superficie y los bordes de los quesos que estén secos en su superficie. Se dejan secar luego los quesos (deben bastar 2-3 horas; la superficie no debe brillar), se les da la vuelta y se pulveriza lo que antes era cara inferior. Volver a secar otras 2-3 horas y llevar por último los quesos al local de maduración. También es conveniente pulverizar en este recinto suspensión de mohos una primera vez, con objeto de crear unas condiciones ideales de maduración.

Los mohos no se aplicarán nunca utilizando un paño o una esponja, pues entonces los mohos podrían borrarse de la superficie, con la consecuencia de un crecimiento desigual o la proliferación de mohos extraños.

Se prestará especial atención a la humedad ambiente. Si el local está demasiado húmedo (por encima del 95%), los quesos se tornan pringosos, se pegan y los mohos no pueden crecer. Cuando la humedad es excesivamente baja (inferior al 85%), se resecan los quesos y tampoco se produce el crecimiento de los mohos.

Durante la maduración de los quesos debe reinar máxima limpieza. En caso contrario proliferan mohos extraños, que sólo pueden eliminarse mediante una limpieza y desinfección a fondo del recinto de maduración. En algunos casos hacen falta dos o tres desinfecciones, pues los mohos son muy persistentes.

Pasados 4-5 días se hacen visibles los mohos y se da la vuelta a los quesos. Al cabo de 9-11 días ha crecido ya una espesa capa de moho de aspecto agradable y los quesos pueden envolverse en hoja de papel metálico de manera que circule el aire (no envolver herméticamente, pues se asfixiarían los mohos), llevándose a continuación al frigorífico hasta su venta. También en el frigorífico continúa lentamente la maduración de los quesos.

Si los mohos crecen con excesiva lentitud, sólo en determinados puntos o incluso no crecen en absoluto, ello será indicio bien de que se aplicó o pulverizó una cantidad excesivamente escasa de mohos, bien de que las condiciones de maduración (sobre todo la humedad ambiental) no eran las adecuadas.

Observación final

Los quesos de mohos blancos elaborados de esta manera tienen un núcleo con textura de requesón, que, a medida que el queso va envejeciendo, desaparece paulatinamente. Sin embargo, para cuando desaparece del todo, su corteza se ha reblandecido tanto que se ha hecho casi líquida y los mohos adquieren un color marrón.

Quien desee que este núcleo sea poco marcado, o que incluso no exista, en la elaboración del queso tendrá la precaución de añadir un 10-20% de agua a la mezcla de cuajada-suero 10 minutos antes de llenar los moldes. Con esto el queso se hace menos ácido y desaparece el núcleo.

Quesos madurados por mohos internos tipo Roquefort

Características

Externas

No se forma corteza; la superficie aparece cubierta muchas veces de una viscosidad amarilla blanquecina, o bien está seca.

Internas

Color: entre blanco y cremoso, atravesado por vetas azules-verdosas de mohos.

Masa: blanda, lardácea cuando se completa la maduración; en fases jóvenes, más o menos friable.

«Ojos»: los propios de la cuajada.

Sabor: muy aromático (rancio noble), condimentado-picante.

Elaboración

Las características esenciales de fabricación son:

- Adición del cultivo de mohos *(Penicillium roqueforti).*
- Tiempo más largo de coagulación.
- Mayor tiempo de desuerado.
- Llenado sobre cintas de desuerado
- Superior cantidad de sal.
- Pinchado del queso.
- Maduración a temperatura relativamente baja y con alta humedad ambiental.

Lo típico de los quesos de enmohecimiento interno es el veteado azul-verdoso de los mohos en el seno del queso.

Figura 48. Colocación de la cuajada cortada sobre el dispositivo de desuerado.

Figura 49. Llenado de los moldes sin suero.

Para conseguir esto, la masa debe estar relativamente abierta, con objeto de que el aire pueda penetrar y permitir con ello el crecimiento de los mohos. Para ello es preciso verter la cuajada completamente seca en los moldes, lo que se consigue mediante cintas o transportadores de desuerado, telas o similares. Se debe dejar fluir la totalidad del suero antes de llenar los moldes con cuajada (verter la mezcla cuajada-suero en un paño, dejar fluir el suero, disgregar la cuajada y verter en los moldes). Además, en los moldes no debe generarse más acidez y fluya más suero. Esta acidificación debe tener lugar ya en la cuba de coagulación.

De lo dicho se desprende la necesidad de largos tiempos de coagulación y una buena acidificación en la cuba de elaboración del queso. En la práctica se deja que el queso se forme hasta que el suero alcanza un pH de 6,0-6,1. De acuerdo con la velocidad de acidificación, esto requiere 2-3 horas. Procediendo así, gran parte de la acidez necesaria, y con ella el correspondiente desuerado, se alcanza antes ya de llenar los moldes; el queso adquiere así el deseado grado de esponjamiento (está «abierto»).

La tasa de sal en estos quesos es algo superior a la de otros quesos. Es normal un contenido de sal del 2-2,5%. Cuando la salmuera tiene 12°C de temperatura y una concentración de sal del 18%, los quesos de 2-2,2 kg permanecen unas 30-35 horas en el baño salado. Concluido el baño, los quesos deben secarse durante 24 horas en un recinto seco y ventilado; a continuación, los quesos son picados. Picar significa practicar conductos huecos para permitir que el oxígeno del aire penetre en el seno del queso. El pinchado no debe realizarse, por tanto, con una aguja afilada (aguja de hacer media), pues con ella sólo se separa la masa del queso, que se vuelve a cerrar en cuanto la aguja es extraída, sino con una aguja de punta plana, y, todavía mejor, con una

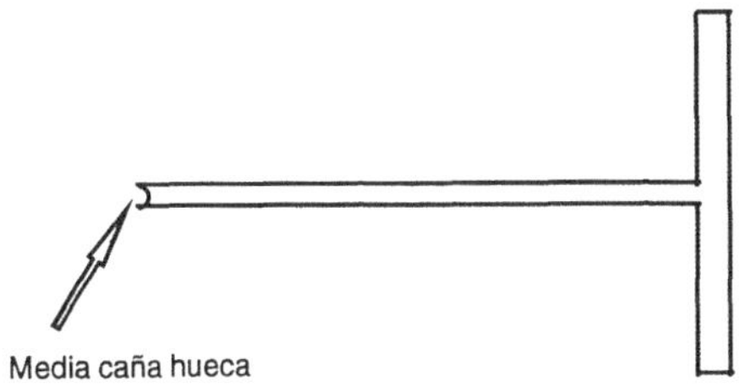

Gráfico 11. Aguja para pinchar quesos de pasta azul.

media caña hueca ligera. La aguja tiene un diámetro de 4-5 mm. De acuerdo con la cantidad de pinchazos efectuados, será mayor o menor el crecimiento de los mohos en el seno del queso. En un queso de 18-20 cm de diámetro son suficientes con entera seguridad 40-50 pinchazos. El pinchado se lleva a cabo en ambas caras, hasta el centro del queso.

En el local de maduración deben mantenerse constantes una temperatura de 10-12°C y una humedad ambiental del 93-97%. Temperaturas más altas aceleran el desarrollo de los mohos, pero con el peligro de que éstos proliferen excesivamente y se forme una corteza demasiado dura. En tal caso, los quesos deben sacarse antes del local de maduración. La humedad relativa por debajo del 90% provoca la desecación del queso.

En la primera fase de la maduración del queso se inicia en el interior de éste el desarrollo de los mohos (*Penicillium roqueforti*), comenzando también el desdoblamiento de la proteína. En esta etapa, la superficie de los quesos debe frotarse varias veces para limpiar la viscosidad que se forma (atención: no obstruir los conductos para el aire). La

Figura 50. Pinchado del queso.

duración de esta fase de maduración aerobia (maduración en contacto con el aire) depende de la consistencia del queso y del crecimiento de los mohos. Por lo general bastan 3-4 semanas.

Para inducir la segunda etapa de la maduración, fase anaerobia (sin contacto con el aire), los quesos se envuelven en papel metálico y se depositan en el frigorífico. La ausencia de oxígeno detiene el crecimiento de los mohos, mientras prosigue el desdoblamiento proteico (proteólisis) y se inicia el de las grasas (lipólisis). Estas reacciones enzimáticas discurren con lentitud. El tiempo necesario de maduración para que el queso adquiera todo su aroma puede calcularse en 2-3 meses (los quesos demasiado

Descripción esquemática de la elaboración del queso de maduración interna por mohos

Añadir agua a la leche de oveja de acuerdo con la fase de lactación.
Templar a 30-32°C
↓
Si se trabaja con leche pasteurizada, añadir cloruro cálcico
(1 g a 10 litros de leche)
↓
Añadir nitrato sódico a la leche de silos (1 g a 10 litros de leche).
Agregar un 2% de cultivo acidificante (leche acidificada) o de
cultivo desecado-congelado en dosis doble
↓
Incorporar el cultivo de mohos *(Penicillium roqueforti)*
↓
Dejar reposar 40-50 minutos (tiempo de incubación)
↓
Añadir 2-2,5 ml de cuajo a 10 litros de leche
↓
Plazo de espesamiento: 50-60 minutos
↓
Corte de la cuajada (en tres planos) en cubitos de 1,5 cm
↓
Dejar otros 10-15 minutos para reforzar el espesamiento
↓
Remover la cuajada hasta que el suero alcanza pH 6,0-6,1
(2-3 horas). Si, entre tanto, se enfrió la mezcla cuajada-suero,
recalentar a temperatura de 30-32°C
↓
Llenar los moldes sin incluir suero
↓
Invertir los quesos (4-5 veces) y dejar reposar para el
desuerado y acidificado hasta el día siguiente (14-18 horas)
↓
Salazonar los quesos (durante un tiempo acorde
con el tamaño de las piezas)
↓
Dejar secar durante 24 horas
↓
Pinchar los quesos
↓
3-4 semanas en el local de maduración,
a 10-12°C y 93-97% de humedad relativa
↓
Envolver con papel metálico
↓
Guardar en frigorífico 2-3 meses a 7-8°C

jóvenes tienen sabor mohoso amargo). Para tiempos de almacenamiento más largos, una vez terminada la maduración pueden envolverse los quesos en papel de aluminio y guardarse a 1°C durante varios meses más.

Rendimiento: para obtener 1 kg de queso hacen falta 5-6 litros de leche.

Quesos de maduración doble por mohos

Características

Externas:

Densa capa de mohos blancos.

Internas:

Color: blanco o cremoso, con algunas vetas verdes de mohos.

Masa: blanda, entre maleable y cremosa, fundente.

«Ojos»: algunos diseminados en la masa.

Sabor: ligeramente ácido, aromático y muy levemente picante.

Elaboración

Las características esenciales de la elaboración de estos quesos son:

- Adición de cultivo de mohos verdes a la leche *(Penicillium roqueforti).*
- Tiempo de coagulación algo más largo.
- Llenado de los moldes con poco suero.
- Pinchado de los quesos a partir de la cara lateral.
- Pulverizado de la superficie con mohos blancos *(Penicillium candidum).*

Los quesos de doble enmohecimiento son una combinación de la fabricación de quesos madurados externamente por mohos blancos y de quesos de enmohecimiento interno: Templar la leche a 30-31°C tras la agregación de agua, y añadir el cultivo de mohos verdes, que previamente se habrá dejado imbibir en una pequeña cantidad de agua. Como cultivo acidificante se utiliza un 0,5-0,8% de leche acidificada o bien cultivo desecado-congelado en la dosis marcada por el fabricante; el cuajo líquido se incorpora a razón de 2 ml en 10 litros de leche. Cuando se trabaje con leche pasteurizada, obviamente es necesario añadir antes cloruro cálcico.

Tras un tiempo de coagulación de 40-50 minutos, cortar la cuajada en cubitos de 1,5 cm de arista, y dejar luego reposar 15 minutos para favorecer el endurecimiento de los granos de la cuajada. A continuación, remover por primera vez. El tiempo de caseificación es algo mayor que en los quesos de enmohecimiento blanco, extendiéndose hasta 40-45 minutos. Tras esto, retirar la mayor parte del suero y verter la cuajada en los moldes. Como en los quesos de enmohecimiento blanco, dar la vuelta varias veces a los quesos y dejarlos reposar en ambiente templado hasta el día siguiente, para que acaben de acidificarse.

El salazonado de los quesos se lleva a cabo con toda normalidad en la salmuera. La cantidad de sal en el queso no debe ser demasiado alta, asemejándose a la de los quesos de enmohecimiento blanco. Las piezas de 1 kg permanecen 5-6 horas en el baño de salmuera. Luego se dejan secar los quesos durante 24 horas, tras lo cual se pro-

Figura 51. Pinchado de la cara lateral de un queso de doble enmohecimiento.

Nota: *Las Figuras 52, 53, 54, 55, 56 y 57 se encuentran en el pliego de color.*

cede a pinchar las piezas desde el borde hacia el centro. No pinchar desde arriba, como en los quesos de enmohecimiento interno, pues en tal caso, al pulverizar más tarde con mohos blancos, la suspensión de éstos ingresaría muy fácilmente en el seno del queso a través de los conductos abiertos y los mohos blancos crecerían en lugar de los mohos verdes. No practicar un número excesivo de conductos, ya que los quesos de doble enmohecimiento deben tener pocos mohos en su interior.

Una vez pinchados los quesos, se llevan al local de maduración, que debe estar a 10-12°C de temperatura y con una humedad ambiental del 90-95%. Transcurridos 3-4 días, se pulveriza la superficie de los quesos con mohos blancos. Para ello, mezclar agua con un 5% de sal y añadir el cultivo de mohos blancos. La dosis debe ser suficiente y siempre superior a la indicada en el envase del cultivo. La cantidad a añadir se refiere en los mohos blancos como incorporación a la leche. Pero en este caso el moho se pulveriza sobre la superficie, con lo que una buena parte se pierde en el aire, sin llegar al queso. En la superficie del queso hay también muchas esporas de moho verde (si el moho verde se incorporó a la leche) y por ello la aportación de mohos blancos debe ser lo suficientemente abundante como para que se impongan al moho verde. Si los mohos blancos son muy escasos en el pulverizado, los quesos no presenten el césped de mohos blancos de aspecto agradable, sino muchas manchas verdes deslucidas.

Pulverizar primero la cara superior del queso y luego la cara lateral. No pulverizar directamente sobre los conductos de pinchado de la cara lateral, sino siempre en oblicuo. Dejar luego secar los quesos durante 3-4 horas, darles la vuelta y pulverizar la que ahora es cara superior. Los puntos en que se hayan tocado los quesos con las manos al darles la vuelta deben volverse a pulverizar. Entonces los quesos deben colocarse sobre estantes enrejillados para que los mohos puedan también crecer en la cara inferior.

Los quesos permanecerán en el local de maduración a 10-12°C y 90-95% de humedad relativa. Transcurridos 6-7 días desde la pulverización, si ya es perceptible el crecimiento de mohos blancos se da la vuelta a los quesos, para que también puedan crecer mohos en los puntos de contacto de las piezas con el enrejillado. Tras otros 5-7 días, los quesos aparecen cubiertos por una densa capa de mohos blancos y ya pueden envasarse. Como en los quesos de enmohecimiento blanco, no se envuelven de forma hermética, sino que sólo se revisten holgadamente con láminas permeables al aire y se llevan al frigorífico. Al cabo de 2 semanas en el frigorífico, el moho verde debe haber prosperado en el seno del queso, que estará ya listo para el consumo. Si en este momento se aprecia un ligero sabor mohoso amargo, indica que el queso no está todavía suficientemente madurado, por lo que debe volverse a depositar en el frigorífico. Pero lo más tarde al cabo de 2 semanas desaparece este sabor amargo y el rey de los quesos enmohecidos está ya completamente maduro.

Quesos de corte

Los quesos de corte tienen una masa compacta, relativamente elástica y consistente. Su humedad es del 45-55% y su contenido de agua en el queso desengrasado oscila entre el 54 y el 63%. La maduración dura bastante más que en el queso blando, pero por ello mismo es mayor la capacidad de conservación. Las variedades de estos quesos incluyen desde quesos de corte semiblandos hasta los medio duros; el sabor varía desde suave a picante; en cuanto a los «ojos», en estos quesos se aprecian tanto abundantes grietas muy marcadas, como masas densas y compactas.

Para lograr estas características, es preciso pasar por varias etapas en la elaboración. Con objeto de conseguir la consistencia relativamente fuerte y elástica, los fragmentos de cuajada deben ser más pequeños que en el queso blando y, además, debe recalentarse la mezcla cuajada-suero. La masa elástica se consigue mediante lavado de la cuajada una vez cortada. Los huecos en el seno del queso se ven muy influidos por la operación de llenado de los moldes, y el sabor depende, además de estos mismos factores, del método de maduración elegido.

La elaboración de queso de corte requiere conocimiento y experiencia, si bien admite igualmente la posibilidad de poner en práctica multitud de ideas propias, ampliando con ello la gama de productos para la venta directa. En la quesería doméstica debe también intentarse preparar nuevas presentaciones, además de los productos clásicos, o bien encontrar más amplias posibilidades de maduración, e incluso ensayar nuevas tecnologías. La experiencia ganada de esta manera y las contrariedades vencidas ayudarán a elaborar quesos hasta entonces desconocidos, que serán atractivas novedades en el mercado. A este respecto, cuando suframos reveses debemos consolarnos pensando que casi todos los descubrimientos importantes de nuestro tiempo son resultado del azar o del afán de experimentación, que necesitaron por añadidura de tiempo para perfeccionarse.

Material necesario

Además de los utensilios necesarios para elaborar queso blando, hacen falta a título complementario los siguientes:

- Tamiz para el suero con tubo de aspiración.
- Recipiente para el agua de lavado con tubo de lavado.

  Para quesos prensados:
- Dispositivo de prensado previo.
- Moldes o paños de prensado.
- Prensa para quesos.

  Para quesos sin prensar:
- Moldes perforados.

Elaboración

Como en los quesos blandos, la elaboración comienza también aquí por añadir agua a la leche, con objeto de reducir el porcentaje de proteína y hacer la leche de oveja más parecida a la de vaca; la cantidad a agregar oscila entre un 20% al principio de la lactación y el 35% hacia el final de ésta. Después de la incorporación de agua se templa la leche a la temperatura de 30-33°C que es la adecuada para la acción del cuajo. Por descontado que esta temperatura puede alcanzarse añadiendo a la leche refrigerada agua caliente. Como cultivo acidificante se utiliza leche acidificada o suero de mantequería, en una proporción del 0,5-0,8% de la cantidad total de leche (en caso de agregar cultivo desecado-congelado, respetar las instrucciones del fabricante respecto a dosificación). Si se trabaja con leche pasteurizada, debe añadirse cloruro cálcico para lograr una buena coagulación. Es más que suficiente la cantidad de 1 g por cada 10 litros de leche (= 2 ml de una solución saturada). Cuando se elabore queso o similares con leche procedente de vacas que consumieron ensilados, es aconsejable agregar nitrato a la leche, con lo que se evita el peligro de una fermentación defectuosa. (Ver el apartado «Medios auxiliares», pág. 32). Como cantidad a añadir suele bastar, como en el caso del calcio, la de 1 g a 10 litros de leche. Todos los aditivos deben entremezclarse bien; luego se deja reposar la leche durante 15-20 minutos (plazo de incubación para las bacterias acidolácticas). En este tiempo se prepara el cuajo. Si se utiliza en forma líquida, basta la cantidad de 2-2,5 ml para 10 litros de leche. Como en todos los demás tipos de queso, el cuajo se diluye en una pequeña cantidad de agua fría. Tras 20 minutos de incubación, se añade, se mezcla bien y se deja reposar la leche durante el tiempo de coagulación.

Transcurridos 30-40 minutos, una vez coagulada la leche (ver en pág. 67 la prueba del cuchillo, en el capítulo del queso blando) se inicia el cortado de la cuajada. En el queso de corte es necesario que los trozos sean de 4-7 mm. La operación se realiza con la misma lira metálica utilizada en el queso blando y comprende dos etapas. En la primera, el marco alambrado secciona la cuajada a lo largo y a lo ancho, no siendo necesario el corte en la tercera dimensión.

Luego se deja reposar la cuajada precortada durante unos 5 minutos, para que se expulse algo de suero. El corte de la cuajada al tamaño adecuado se lleva a cabo pasando varias veces la lira metálica por la cuba de cuajado. Después de pasar la lira cada 5-6 veces, se remueven las columnas de cuajada con la chapa al efecto y se siguen seccionando con el marco de alambres. La operación se prolonga hasta alcanzar el grano de tamaño deseado. Este corte intenso proporciona una cuajada de fragmentos uniformes.

Tras el cortado se realiza el precaseificado, que no es otra cosa que la agitación de la cuajada para lograr un desuerado uniforme. Para esto, la cuajada fragmentada se remueve con más frecuencia que en el queso blando, ya que los trozos pequeños se posan y aglutinan con más rapidez en el fondo. El tiempo de desuerado es por lo regular de 15-20 minutos. Si se desea preparar quesos más consistentes y duros, este plazo puede aumentarse como máximo hasta 30 minutos.

Ahora se inicia la etapa de lavado y recalentado. Por lavado del queso se entiende la extracción del suero y subsiguiente adición de agua para diluir la lactosa en la fase líquida del queso, con lo que el queso no puede acidificarse tanto. Cuanto más ácido es el queso, más elástica es su masa (ver también el punto «Clasificación de los quesos», pág. 37). Una pasta elástica es precisamente muy deseable en el queso de corte. Pero también es importante no diluir demasiado, ya que de suceder esto el queso se hace excesivamente elástico, es decir, viscoso. Tal sucede en el queso fresco cuando el pH es 5,5 o superior. Al calcular el agua de lavado, hay que tener en cuenta la cantidad de agua añadida a la leche inicial.

Como cantidad de agua de lavado suele bastar el 10-20% de la cantidad de leche. Sin embargo, si se desea obtener queso con un núcleo con consistencia de requesón, hay que aumentar la cantidad de agua de lavado. Tras 15-20 minutos se concluye el plazo de agitación, se deja posar un poco la cuajada y se extrae a través de un tamiz la cantidad de suero que se prevea igual a la de agua de lavado. Cuanto más rápidamente se elimine el suero, menos se aglutinará la cuajada en el fondo.

Después de extraer el suero, se añade el agua de lavado. La temperatura del agua debe ser igual a la de la cuajada, es decir, de 30-33°C. El agua de lavado se añadirá de una vez; la cuajada se calentará indirectamente introduciendo la cuba de cuajado en un baño María tibio o haciendo circular agua caliente por la doble pared del recipiente utilizado en la preparación del queso. La única precaución es la de no calentar demasiado deprisa. Como regla general vale ésta: un incremento de temperatura gradual de 1 minuto por cada grado centígrado. Si se calienta a excesiva velocidad, se produce una cuajada membranosa. Esto significa que los granos de cuajada, como consecuencia del aumento súbito de la temperatura, expulsan rápidamente el suero y forman una membrana consistente, pero conservándose blandos en el interior, porque el suero ya no puede salir a través de dicha membrana. La cuajada se hace consistente, perfectamente adecuada para el queso de corte, aunque en realidad todavía blanda. Si se forma cuajada membranosa, no se consigue la deseada consistencia del queso. El calentamiento se hace hasta una temperatura de 36°C, con un máximo de 40°C. Cuanto más alta es la temperatura, más consistente será el queso.

Lavado y calentamiento pueden llevarse a cabo en una única operación. Para ello se pone el agua de lavado a una temperatura superior, precisamente la necesaria para que, después de la incorporación, el contenido de la cuba alcance exactamente la deseada temperatura de calentamiento. La temperatura del agua de lavado en este caso puede calcularse con la fórmula siguiente:

$$\frac{\text{Cantidad cuajada-suero} \times \text{diferencia temperatura}}{\text{Cantidad deseada de agua de lavado}} + \text{t}^{\text{a}}\text{. deseada de postcalentamiento} = {}^{\circ}\text{C agua.}$$

Ejemplo: Elaboración de queso de corte a partir de 100 litros de leche de oveja

Agua a añadir antes del cuajo	25%
Contenido total, ahora, en la cuba de coagulación	125 l
Temperatura de coagulación	32°C
15% de la cantidad de leche absorbida (retirada) como suero	15 l
Cantidad de mezcla cuajada-suero, ahora	110 l
15% de la cantidad de leche añadida como agua de lavado	15 l
Temperatura de calentamiento	37°C
Diferencia de temperatura (de 32°C a 37°C)	5°C

$$\frac{110 \times 5}{15} + 37 = 73{,}66°C$$

Por consiguiente, el agua de lavado debe estar a la temperatura (redondeada) de 74°C.

Sin embargo, la incorporación de este agua muy caliente no debe realizarse con demasiada rapidez, pues entonces se formaría la cuajada membranosa.

Tras alcanzar la temperatura de calentamiento, se inicia el desuerado. La duración de esta última fase (removido de la cuajada) es de 15-20 minutos. Sólo en los quesos consistentes debe prolongarse más. Este tiempo es importante para permitir que la cuajada se retraiga a la temperatura más alta y ceda el suero.

A continuación se precede al llenado de los moldes, que puede influir mucho sobre los ojos del queso. Básicamente,

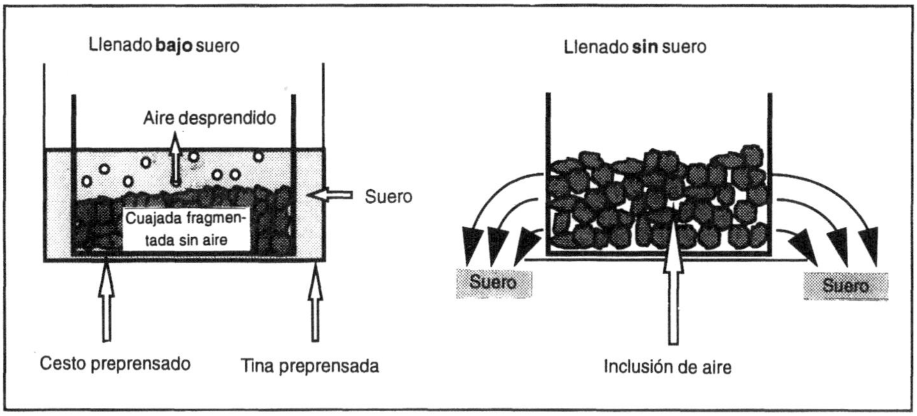

Gráfico 12. Influencia del envasado sobre la textura del queso.

cuanto más suero se incluya en los moldes, más denso será el queso; a la inversa, cuanto menos suero se incluya, más abierto será el queso. Para obtener quesos con muchos ojos (con grietas como en el queso Tilsit) es necesario eliminar alrededor de la mitad del suero antes de llenar los moldes, y, en esta operación, intentar que el suero pueda fluir libremente. Así, entre los gránulos de cuajada se incluye aire y se originarán muchos ojos. Cuando se desee elaborar quesos muy densos, con pocos ojos (ojos de fermentación como en el queso Edam), los moldes deben introducirse en un segundo recipiente en parte lleno de suero, y la mezcla cuajada-suero se verterá en él. El líquido debe estar siempre a mayor altura que la cuajada fragmentada, con lo que el aire contenido entre los gránulos de cuajada puede desplazarse hacia arriba y sólo se deposita cuajada sobre cuajada, con el resultado final de una masa densa y sin inclusión de aire.

Este efecto se verá reforzado comprimiendo ligeramente la cuajada bajo el suero. El coágulo preprensado se separa entonces del suero y se comprime en moldes al efecto. Cuando no se disponga de estos últimos (son muy caros), puede recurrirse al prensado en paños. Con éstos, sin embargo, la superficie de los quesos no es tan lisa y atractiva, pues siempre se producen pliegues al prensar con la tela, lo que por otra parte no supone ningún inconveniente y sí garantía evidente de la elaboración artesana del queso.

A los quesos que se obtienen llenando moldes se les debe dar varias vueltas, como sucede en los quesos blandos, con lo que tiene lugar una expulsión del suero más uniforme. Pero en ambos casos deben dejarse reposar las piezas de queso en caliente hasta el día siguiente, para que puedan acidificarse del todo.

Salazonado

El salazonado de estos quesos puede llevarse a efecto como en todas las demás clases de queso: en seco o en baño

Descripción esquemática de la elaboración de los quesos de corte

Añadir un 20-35% de agua potable a la cantidad de leche
↓
Templar la leche a 30-33°C
↓
Adición del cultivo de bacterias acidolácticas, leche acidificada o suero de mantequería en la proporción del 0,5-0,8% o cultivo desecado-congelado según instrucciones
↓
Cuando se trabaje con leche pasteurizada, añadir cloruro cálcico a razón de 1 g por 10 litros de leche
↓
Adición de nitrato sódico cuando se utilice leche de silo, a razón de 1 g por 10 litros de leche
↓
Plazo de incubación (dejar en reposo): 15-20 minutos
↓
Incorporar el cuajo (líquido, sol. 1:15.000, 2,0-2,5 ml a 10 litros de leche; diluir el cuajo en agua potable fría)
↓
Tiempo de coagulación: 30-40 minutos
↓
Cortar la cuajada en cubitos de 4-7 mm de arista
↓
Agitación; de acuerdo con la consistencia deseada del queso, 15-20 minutos
↓
Eliminación de suero (10-20% de la cantidad de leche)
↓
Lavado de la cuajada (adición de agua, en un 10-20% de la cantidad de leche)
↓
Calentamiento a 36-40°C
↓
Remover según la deseada consistencia del queso, 10-20 minutos
↓
Llenar los moldes con la mezcla cuajada-suero
↓
Invertir los moldes 4-6 veces en total (inmediatamente después del llenado y luego a intervalos cada vez más largos)
↓
Desuerar y dejar acidificar los quesos a temperatura ambiente durante 16-20 horas (no inferior a 20°C)
↓
Rendimiento: de acuerdo con la consistencia, 1.5-2 kg de queso a partir de 10 litros de leche

Identificación y prevención de defectos.

Defectos	*Causas*	*Prevención*
Productos demasiado blandos y fluidos	Excesivo contenido de agua	Temperatura de calentamiento más alta; más largo tiempo de desuerado
Productos demasiado duros	Contenido de agua excesivamente bajo	Más baja temperatura de calentamiento; más corto tiempo de desuerado
Demasiados ojos	Inclusión de mucho aire en el queso	Llenar los moldes con más suero; llenar por debajo del suero
Distribución desigual de los ojos; ojos sólo en una cara	Defecto de llenado; sobrenadado de la cuajada al llenar los moldes	Llenar los moldes uniformemente; evitar las turbulencias en el rellenado de los moldes
Puntos consistentes y de requesón en el queso	Núcleos de suero; pellas de fragmentos de cuajada en la tina	Remover la cuajada con más frecuencia y más intensidad
Productos espesos-elásticos; rechinan entre los dientes	pH demasiado alto	Eliminar menos suero y añadir menos agua de lavado
Fermentación defectuosa (abombamiento) del queso (al cabo de 3-4 semanas)	Clostridios en la leche	Añadir nitrato a la leche; o aumentar la adición de nitrato
Ojos esponjados (muy numerosos)	Infección por coliformes	Más limpieza en el ordeño y tratamiento de la leche; usar cultivo más activo; añadir más cantidad de cultivo

de salmuera. Únicamente debe tenerse en cuenta que la captación de sal es en los quesos consistentes más lenta que en los blandos. De aquí que sean necesarios tiempos de salazonado más prolongados. (Ver también el apartado de «Medios auxiliares. Sal», pág. 34).

Maduración

En las variedades suaves de quesos de corte es normal la maduración en papel metálico, o bien el revestimiento de las piezas de queso con cera especial; para las variedades picantes se recomienda la maduración viscosa roja. En los quesos de corte no se practica la maduración con mohos, que es más adecuada para los quesos blandos. La maduración de los quesos se describe a continuación.

Maduración de los quesos

Sólo mediante la maduración adquieren los quesos su sabor típico y total calidad. De acuerdo con la maduración, los quesos tienen sabor suave o picante. En todos los quesos se cumple este principio básico: cuanto más blando es el queso, más rápidamente madura. Así, en los quesos blandos bastan 3-4 semanas, mientras que en los quesos de corte hacen falta 6-8 semanas. Lo mismo puede decirse de la capacidad de conservación: cuanto más consistente es el queso, más tiempo se conserva.

Las condiciones de maduración deben mantenerse estrictamente. Si se desvían, se producen siempre mermas en la calidad de los productos. Para poder mantener dichas condiciones, es preciso por lo general hacer ciertas inversiones, aunque también aquí tienen valor las ideas propias.

Maduración por bacterias o fermentos del rojo (tipo picante)

Local de maduración:

Temperatura	15-16°C
Humedad relativa ambiental	90-95%

Agregación de la solución viscosa

Añadir al agua un 5% de sal (agua fría, hasta un máximo de 20°C); incorporar el fermento del rojo *(Brevibacterium linens)* en la dosis indicada por el fabricante.

Tratamiento del queso

Frotar los quesos con esta solución, utilizando un paño limpio y seco o un cepillo blando. Esta operación se llevará a cabo a diario durante la primera semana; luego, en días alternos (tres veces por semana). Después, cuando ya se aprecia un buen crecimiento de la viscosidad roja (transcurridas 3-4 semanas), reducir el tratamiento a dos veces por semana. En cada operación de frotado hay que dar la vuelta a los quesos. Se pondrá cuidado cuando los quesos se depositen sobre estantes de tablones. La superficie nueva de apoyo no debe tratarse, pues debe estar seca. Si esta superficie está húmeda, la capa viscosa no se desarrolla por falta de aire. Cuando los quesos se colocan sobre estantes enrejillados, puede tratarse la superficie de apoyo.

Al principio debe utilizarse en todos los casos una solución viscosa nueva.

Cuando en el local de maduración haya ya muchos quesos viejos con un buen revestimiento viscoso en su superficie, basta con tratar los quesos solamente con agua salada (con un 5% de sal); el orden a seguir entonces es: primero los quesos viejos que recibieron la capa viscosa antes, y por último los quesos jóvenes. La solución ya contiene entonces suficientes bacterias de la viscosidad roja *(Brevibacterium linens)*. Sin embargo, la solución debe renovarse por completo cada dos o tres semanas.

Si los quesos exhiben superficie rugosa, ello es indicio de exceso de humedad, por lo que deben impregnarse de viscosidad en seco. Si la capa viscosa crece poco o nada en absoluto, el ambiente del local de maduración suele ser demasiado seco. En este caso hay que incrementar la humedad ambiental en el recinto de maduración y aplicar la viscosidad en condiciones de humedad relativa elevada. Si se produce la contaminación de la superficie por hongos (mohos blancos de la leche), hay que untar los quesos con más frecuencia, con objeto de inhibir el crecimiento de estos los mohos.

El tratamiento de los quesos se prolongará hasta conseguir una superficie de agradable tonalidad rojiza-castaña, acompañada de sabor picante (en los quesos blandos, al cabo de unas 3-4 semanas; en los de corte, tras 5-7 semanas).

Transcurrido ese tiempo, se deja secar bien la superficie de los quesos (2-3 días) y se envuelven. El envasado no debe ser hermética, pues ello asfixiaría el mucus rojo y, al poco tiempo, el queso tendría sabor pútrido.

Pero también puede lavarse la viscosidad roja, dejar que de nuevo se seque bien la superficie de los quesos, y después envolver los. En este caso, el envasado puede ser hermético; los quesos presentan un sabor algo menos picante. En ambos casos, después de envolver los quesos se depositarán en el frigorífico hasta su consumo. La capacidad de conservación de estos quesos depende de la consistencia, siendo en el queso blando de unas 5-6 semanas, y hasta de 3 meses en los quesos de corte.

Maduración con mohos Camembert

Local de maduración:

Temperatura	11-13°C
Humedad relativa ambiental	90-95%

Tratamiento de los quesos

Para la fabricación de queso con mohos blancos –es decir, con la denominación oficial–, deben aplicarse mohos Camembert *(Penicillium candidum)* a la superficie de las piezas. Cuando sólo se elabora queso con moho blanco, lo más fácil es añadir a la leche el cultivo de moho en la dosis indicada por el fabricante antes de incorporar el cuajo. Es conveniente dejar imbibir el cultivo en algo de agua fría una media hora antes de su incorporación a la leche. Después de salazonar los quesos en el baño de salmuera, se deja secar la superficie (entre 12 y 24 h); luego se llevan las piezas al local de maduración. En éste es imprescindible utilizar estantes de rejillas metálicas, que permiten la proliferación de los mohos también en la cara inferior.

Figura 58. Quesos blandos con un agradable y denso revestimiento de mohos.

Nota: *Las Figuras 59, 60 y 61 se encuentran en el pliego de color.*

Es imprescindible comprar estos mohos en cultivo puro a un fabricante de cultivos competente. El moho no debe sembrarse en el producto a partir de un queso adquirido en el mercado, pues con él ingresarían en el queso otros gérmenes contaminantes.

Si también se elaboran en la quesería otros productos o se fabrican a partir de una misma partida quesos con distintos tipos de maduración, el cultivo de moho debe aplicarse más tarde a la superficie del queso. Esto se lleva a cabo muy fácilmente utilizando un frasco pulverizador. Para ello se añade algo de cultivo de moho al agua y se llena con ésta el pulverizador. A continuación se pulverizan las caras superior y lateral de los quesos con esta suspensión de mohos, después de haberse secado un poco las piezas tras sacarlas del baño de salmuera. Se dejan secar los quesos durante 2-3 horas, hasta que la superficie ya no brilla, se les da la vuelta y se pulveriza a continuación la cara inferior, ahora convertida en superior. Tras otras 2-3 horas de secado, los quesos se llevan al local de maduración. También es conveniente pulverizar con la suspensión de mohos el local de maduración la primera vez que se destina a este fin, con objeto de crear unas condiciones óptimas de maduración.

Si las condiciones del local son ideales y la siembra de mohos es lo bastante intensa, al cabo aproximadamente de cinco días se aprecia un asomo de mohos en la superficie. A los quesos se les debe dar la vuelta a continuación. Tras 9-11 días, aparece una densa capa de mohos de agradable aspecto y los quesos pueden ya envolverse. La envoltura no debe ser hermética, pues en tal caso se asfixiarían los mohos y la bonita superficie blanca adopta en corto plazo una tonalidad castaña. Después de envolver, llevar al frigorífico.

Cuando los mohos no crecen con bastante rapidez, o incluso no se desarrollan nada, las posibles causas de este defecto son:

La humedad ambiental es demasiado alta o excesivamente baja (superior al 95% o inferior al 85%); la superficie del queso puede haberse secado demasiado o también estar muy húmeda, como sucede en el esponjamiento que sufre el queso como consecuencia de retrasos en la acidificación durante la elaboración. Además, la cantidad de moho aplicada puede ser demasiado escasa o bien mostrar poca actividad por un almacenamiento deficiente. Las mismas causas son responsables del crecimiento de mohos extraños. En cada caso debe investigarse la circunstancia que da lugar a la aparición del defecto.

Con mohos superficiales sólo se maduran normalmente los quesos blandos. De acuerdo con el grado de consistencia, la capacidad de conservación es de 4-6 semanas.

Maduración del queso en películas de plástico (tipo suave)

Local de maduración:

Temperatura: 15-17°C

No hay requisitos especiales en cuanto a humedad ambiental; sin embargo, ésta no debe ser demasiado alta.

Tratamiento del queso

Lo más sencillo es envolver y madurar el queso en una película de plástico. Para ello, se extraen los quesos del baño de salmuera y se dejan secar bien en la superficie. Este oreado dura 1-2 días, dependiendo con la temperatura y humedad ambiental.

Antes de la envoltura, hay que desinfectar la superficie del queso. Para ello, lo mejor es utilizar una solución hirviente con el 18-20% de sal, por ejemplo una parte del baño de salmuera. Los quesos se sumergen unos segundos en la solución hirviendo con ayuda de un utensilio adecuado (espumadera plana o similar) y luego se depositan en una superficie limpia y exenta de mohos para que se sequen.

Una vez secos los quesos, se envuelven con una película especial retráctil o sellable. En esta operación debe procurarse que en los puntos de los pliegues no se formen pestañas demasiado gruesas.

Estas películas de envasado tienen la propiedad de retraerse por efecto del calor y de soldarse en las aplicaciones solapadas.

Para el envasado, el queso se comprime sobre una placa caliente con la película, comenzando por las caras planas y después en los puntos de plegado, con lo que se expulsa el aire incluido.

El plástico se retrae por efecto del calor y se adapta íntimamente a la superficie del queso; el sellado térmico envuelve el queso herméticamente. Cuando esta operación se realiza correctamente, la ausencia de aire impide el crecimiento de mohos. A continuación se llevan los quesos al local de maduración, donde permanecerán 4-6 semanas; se les dará la vuelta cada 7 días. Conservan su carácter fresco durante un tiempo relativamente largo y mantienen siempre un sabor muy suave.

Si los quesos se han elaborado con una cuajada demasiado blanda, se secan o enfrían de forma insuficiente, pueden presentarse problemas por expulsión posterior de suero. Este suero se acumula bajo la lámina y al poco tiempo el queso comienza a descomponerse. En estos casos debe investigarse la causa que motiva la salida de suero a destiempo, tras lo cual será presumiblemente fácil eliminar este defecto.

Maduración con recubrimiento de parafina

Local de maduración:
Como en la maduración en lámina

Tratamiento del queso

Como en la maduración en envases, después de sacar los quesos del baño de salmuera, se dejará secar bien la superficie (2-3 días). Luego se sumergen en cera especial caliente (parafina). En la primera inmersión, la temperatura del baño de cera debe ser lo más alta posible, alrededor de 140-150°C, con lo cual la cera está muy fluida y puede adaptarse a las irregularidades de la superficie de las piezas (pliegues de la tela, ranuras, poros, etc.), con lo que se evita eficazmente el contacto con el aire. La segunda aplicación de parafina, que se adhiere uniformemente sobre la primera, se lleva a cabo a menor temperatura (105-110°C), con objeto de conseguir una gruesa capa de cera sobre los quesos. Estos se controlarán semanalmente y se volverán a sumergir en el baño de cera siempre que se observen pequeñas grietas en la parafina. De no proceder así, los quesos empiezan a enmohecerse en estas hendiduras.

Inmersión y maduración en aceite

Local de maduración:
Frigorífico

Tratamiento del queso

Después de pasar por el baño de salmuera, los quesos separados se dejan secar bien durante 2-3 días en recipientes de cristal con los condimentos e hierbas aromáticas, para luego ser cubiertos de aceite. La composición de hierbas y condimentos (como eneldo, laurel, ajo, romero) queda a gusto del fabricante. Los recipientes deben llenarse lo más posible, con objeto de evitar el acceso del aire, y se depositarán en frigorífico.

Es importante que los quesos no rezumen, porque si expulsan más agua, ésta se acumula en el fondo de los recipientes de vidrio formando una capa, en la que pueden proliferar microorganismos y hacer que más tarde el queso entre en putrefacción.

Inmersión y maduración en salmuera (quesos tipo Feta)

Local de maduración:
Temperatura fría, hasta 12°C

Tratamiento del queso

Los quesos que se sumergen y maduran en salmuera corresponden al tipo de quesos Feta, conocidos generalmente con el nombre de quesos de oveja griegos.

Para su elaboración, después del baño en salmuera se introducen los quesos blandos en recipientes de vidrio o latas, las piezas pequeñas enteras y la grandes cortadas en trozos. Es conveniente colocar entre las piezas papel parafinado (pergamino), para evitar que éstas se adhieran entre sí durante la maduración. Luego se llenan los envases de salmuera y se cierran herméticamente.

Preparación de la salmuera

Añadir al agua un 12% de sal y luego ajustar el pH a 2,8 con ácido láctico (unos 4 ml de ácido láctico al 90% por litro de agua). Este bajo pH y el elevado contenido de sal impiden el crecimiento microbiano y garantizan una larga conservación.

La proporción queso:salmuera será de 2:1, es decir, dos tercios de queso y un tercio de salmuera, con lo que el queso no sabe demasiado salado. Después se almacena a 12°C como mínimo 6 semanas. Cuando el queso madura en frío, la maduración requiere más tiempo hasta que el queso resulta comestible. La aparición de un sabor ligeramente picante es el signo de que se alcanzó este punto. Los quesos deben sumergirse en agua algunas horas antes de su consumo, con objeto de reducir un poco la tasa de sal. Estos quesos se suelen utilizar en la preparación de ensaladas (ensalada griega) y no se consumen como los quesos tradicionales.

Maduración mediante frotado con agua salada

Otra posibilidad de maduración del queso es el frotado de las piezas con agua salada. Su finalidad es que la superficie del queso no se seque excesivamente y se eliminen mediante el frotado las contaminaciones por mohos. Para esto basta agua con el 5% de sal. Para conseguir sabores diversos, a este agua se pueden añadir hierbas o condimentos, y también vino tinto, licor de guindas, zumo de manzana y similares. El sabor de estos aditivos irá impregnando lentamente los quesos, a los que confieren un fino y delicado aroma. Con este proceder, además de las maduraciones convencionales pueden crearse nuevas variedades de queso muy peculiares.

Ahumado

Tras la maduración neutra (lámina, cera, frotado con agua salada), los quesos pueden también ahumarse. El ahumado debe realizarse en frío, pues en otro caso las piezas podrían comenzar a fundirse. De acuerdo con la duración del ahumado, se consigue un sabor más o menos intenso. A este respecto debe tenerse en cuenta que este sabor no resulta agradable para todo el mundo, sino que requiere una cierta afición al mismo.

Aprovechamiento del suero

El suero, subproducto de la fabricación del queso, se aprovecha actualmente en su mayor parte como alimento. El suero contiene muchos componentes valiosos de la leche (proteína, lactosa, sales minerales, elementos vestigiales), que incluso pueden ser aprovechados por el hombre. Precisamente la proteína del suero es de un valor para la fisiología de la nutrición superior al de la caseína que se incluye en el queso. Pero también los elementos vestigiales y sales minerales presentes en la leche en proporción muy equilibrada son valiosos para la nutrición humana. Teniendo esto en cuenta y elaborando sabrosos productos de alto valor nutritivo, se debería eliminar la imagen del suero como pienso para cerdos y conceder a este «producto residual» un aprovechamiento más racional y rentable.

Proteína de suero (pasta de suero, requesón)

Se denomina pasta de suero (Zieger, en la industria alemana) a la masa semejante al requesón obtenida mediante calentamiento y acidificación del suero de leche, leche magra o una mezcla de ambos. La palabra pasta se utiliza también para productos elaborados a partir de diversos materiales. De acuerdo con cuáles sean éstos, se llama pasta de suero, pasta de leche o pasta mixta. Para los productos del suero resultante de la fabricación de queso duro se reserva la denominación de requesón (Schotten, en la esfera alemana).

Ambos términos pueden utilizarse también en la obtención y aprovechamiento de la proteína del suero. La precipitación de la proteína es igual en los dos casos.

Figura 62. Precipitación de la proteína del suero. Se aprecia bien en la superficie la proteína sérica precipitada.

El suero dulce y fresco resultante de la fabricación de queso blando o de corte se calienta intensamente, por lo común a 90-95°C. Tras alcanzar esta temperatura, se acidifica, con lo que la precipitación en pequeños flóculos de la proteína del suero se hace más grosera y puede separarse con más facilidad del resto del suero. La acidificación puede llevarse a cabo con suero acidificado o ácido cítrico (bastan 6 ml de una solución de ácido cítrico al 50% en 10 litros de leche). Para ello no remover, sino incorporar el medio acidificante con suavidad, pues en otro caso se destruiría el precipitado grueso. Tras un plazo de reposo de 10-30 minutos, la proteína sérica es bastante consistente y sobrenada en la superficie en su mayor parte. A continuación se filtra por un fino tamiz o un paño y se comprime ligeramente.

También se puede obtener proteína a partir del suero ácido (suero resultante de la fabricación de queso fresco o requesón). Después de calentar a 90-95°C, ya no es necesario agregar ácido cítrico, puesto que el suero es ligeramente ácido. La proteína precipita en grumos relativamente finos y prácticamente no se puede separar con un paño. Por ello, después de calentar, se debe dejar reposar unas horas el suero con el precipitado fino. En ese tiempo sobrenada la mayor parte de la proteína, se consolida y ahora ya puede separarse mediante filtración.

Esta pasta de suero es áspera, friable y casi insípida. Antes de su posterior tratamiento, esta masa grosera debe entremezclarse bien, con objeto de lograr una consistencia cremosa uniforme. Esto se consigue más fácilmente con una máquina batidora con cuchillas o una «cútter». Hace falta un tiempo mínimo de entremezclado de 3-5 minutos. Una vez removida y homogeneizada la pasta de suero, se puede proceder a su posterior tratamiento y conversión en productos ácidos o dulces. Pero siempre debe añadirse ácido cítrico (solución al 50%) para graduar la acidez en el nivel correspondiente; el requesón tiene un pH de 4,0-4,2, pues en otro caso los productos resultan de sabor pobre. Ahora el producto se puede transformar ya como el requesón normal. En principio son posibles todas las mezclas (ver el capítulo «Quesos frescos», pág. 49). Pero la práctica enseña que las pastas untables de proteína sérica acidificada no tienen un sabor tan bueno como las preparadas con requesón genuino.

En muchas regiones se elabora queso untable a partir de la pasta de suero. Para ello se mezcla la pasta con hierbas y condimentos y se elaboran pequeños quesos, que se depositan en un local seco y ventilado. Al cabo de 1-2 semanas se obtienen quesos más consistentes, que pueden utilizarse como queso para extender en los platos más diversos o simplemente sobre pan tostado. La capacidad de conservación estos quesos es muy larga.

Como productos dulces pueden elaborarse exquisitas cremas y postres. A estos efectos resultan especialmente ventajosas las características de la proteína sérica precipitada. Por ejemplo, tiene una capacidad muy buena de captación de agua, lo que permite elaborar productos con alto contenido de humedad (80-85%) y que, pese a ello, presentan una suficiente consistencia. Además, la proteína sérica precipitada y homogeneizada tiene la propiedad de dar en la boca la sensación de un mayor contenido graso. Aunque una crema preparada con proteína sérica casi no contiene grasa (máximo del 4%), su sabor es semejante al de la crema de mantequilla. Crema para tartas exenta de grasa, «tiramisu» (tipo de pastel) pobre en grasa y artículos similares son muy atractivos para los expertos en nutrición. A continuación se incluyen algunas recetas de estos productos dulces.

Crema de vainilla

1 kg de proteína de suero batida y homogeneizada
250 g de azúcar
1 copa (250 g) de yogur magro
Vainilla (azucarada) al gusto
Algo de colorante amarillo autorizado para alimentos
Dar sabor con solución de ácido cítrico

Crema de chocolate

1 kg de proteína de suero batida y homogeneizada

270 g de azúcar
20 g de cacao magro
1/2 tableta de chocolate a la taza
1 copa (250 g) de yogur magro
Dar sabor con vainilla y ácido cítrico

Crema de café
1 kg de proteína de suero batida y homogeneizada
270 g de azúcar
1/2 taza de café negro fuerte
Dar sabor con vainilla y ácido cítrico (no demasiado ácido)

Crema de fresa
1 kg de proteína de suero batida y homogeneizada
250 g de mermelada de fresa
1 copa (250 g) de yogur magro
50 g de azúcar
Algo de colorante rojo autorizado para alimentos
Dar sabor con vainilla y ácido cítrico.

Elaboración de todas las recetas

Homogeneizar la proteína de suero con el ácido cítrico (unos 20 ml de solución al 50% por kg de proteína), utilizando una batidora o un «robot» en el punto de máxima velocidad durante 5 minutos. Añadir luego los aditivos y volver a entremezclar a máxima velocidad. Ajustar el punto de cremosidad deseado incorporando más yogur o agua (recordar que el producto se espesa algo más durante el enfriamiento). Dar sabor, si se desea, con vainilla y solución de ácido cítrico, tras lo cual se entremezcla de nuevo y se deja reposar en ambiente frío.

Bebidas de suero

A partir del suero claro (desprovisto de proteína) pueden prepararse agrada-

Descripción esquemática de la elaboración de bebidas de suero

Suero claro (sin proteína) o suero acidificado
↓
Ajustar el pH a 3,7-3,9
↓
Añadir zumo o preparados de fruta
↓
Agregar azúcar según dulzor deseado
↓
Calentar a 85°C
↓
Envasar en caliente
↓
Conservar en ambiente frío

bles bebidas de frutas. Es importante determinar en ellas la relación azúcar-ácido, para lo cual hace falta una cantidad relativamente alta de este último. La acidez natural del suero no es suficiente, por lo que es preciso añadir ácido cítrico. El pH del suero deber ser inferior a 4,0 (3,5-3,7), con lo que se obtiene un sabor refrescante. Si el producto es poco ácido, resulta insípido. Para el suero dulce hacen falta 5-7 ml de una solución de ácido cítrico al 50% por litro de suero.

Si se desea obtener otros sabores, se pueden añadir diversos zumos de frutas. Cuanta menos pulpa o fibra haya en esos zumos, menos sedimento se formará en el fondo de las bebidas preparadas. Para evitar un sedimento demasiado marcado, por la misma razón es más conveniente utilizar suero claro que suero normal.

La cantidad de azúcar a incorporar oscila entre el 5 y 15%, según sea el grado de dulzor del zumo de fruta utilizado. Estos aditivos se entremezclan, con lo que queda preparada la bebida de suero.

Para prolongar su tiempo de conservación, la bebida de suero así elaborada puede calentarse a 80-85°C, tras lo cual se llenarán con ella botellas o frascos.

Durante el almacenamiento aparece en el fondo un sedimento de fibras de fruta y proteína, que desaparece fácilmente agitando. Pero este sedimento indica precisamente que se trata de un producto natural, sin estabilizar, espesar, conservar o tratar de cualquier otra manera. Por esta razón y con la indicación «Agitar antes de consumir», estos productos se venden mejor que los artículos industriales.

No todas las frutas se prestan a la preparación de bebidas de suero. Frutas tradicionales como fresas, frambuesas, arándanos y similares proporcionan sabores más bien empalagosos. Saben mejor las bebidas preparadas con frutas meridionales o exóticas, como mangos, maracuyás, limones y otras.

En lugar de zumos de fruta y azúcar, en las bebidas de suero pueden utilizarse preparados de fruta edulcorados. Estos preparados, además de ahorrar trabajo, tienen la ventaja de que, cuando se añaden en la proporción del 15-20%, aportan las tasas de azúcar y fruta necesarias y precisamente en su proporción óptima; por añadidura, contienen muy poca o ninguna cantidad de fibra de fruta. Los fabricantes de estos preparados de frutas ofrecen una extensa variedad de sabores. Al adquirirlos, deben pedirse expresamente «preparados de fruta para bebidas de suero», pues otras presentaciones no son tan adecuadas.

Sacadas a la mesa bien frías, estas bebidas a base de suero lácteo son un refrescante remedio para la sed, además de constituir un buen recurso para el aprovechamiento del suero.

Mantequilla

La mantequilla de leche de oveja es un producto más bien raro, aunque se fabrica en la práctica. Mientras que la mantequilla de cabra se emplea en la industria cosmética como producto básico, y la mantequilla de leche de vaca se vende como «mantequilla campera» para consumo humano, la mantequilla de oveja es menos común. Como la mantequilla de cabra, la de oveja es una masa fina y cremosa, pero que suele ser rechazada por la mayoría de los consumidores por su color blanco. Sin embargo, la mantequilla de oveja tiene un agradable sabor y resulta un manjar exquisito.

Las operaciones básicas de fabricación, como la obtención de la nata, el tratamiento de ésta y el batido, son idénticas en las tres especies, así como la capacidad de conservación relativamente corta de este tipo de mantequilla, que se elabora a partir de nata cruda. Lo más tarde al cabo de una semana comienza a enranciarse lentamente esta mantequilla, debido a la acción de enzimas hidrolizantes es de la grasa (lipasas). Sólo calentando a alta temparatura (95-100°C) se inactivan estas lipasas, es decir, se destruyen. Las consecuencias de intentar calentar la nata en una instalación familar es que el producto suele presentar sabor a cocido e incluso llega a socarrarse en la olla. Por esta razón, la mantequilla debe elaborarse únicamente a partir de nata cruda y admitir su escasa capacidad de conservación. Se trata, pues, de un artículo fresco, que debe ofrecerse en el mercado con la expresión: «producto natural fresco, de fabricación artesanal».

Obtención de la nata

Para preparar mantequilla, lo mejor es separar la nata mediante centrifugación de la leche, en lugar de obtenerla por desnatado natural de la superficie de ésta. En esta última operación existe siempre el peligro de retirar demasiada cantidad de leche con la nata, con lo que el porcentaje graso de esta última es menor. Una proporción de nata demasiado baja reduce mucho los efectos del batido. El contenido ideal de grasa para fabricar mantequilla es del 30-40%.

Para centrifugar la leche es necesario templarla previamente a 40-45°C, en todos los casos por encima del punto de fusión de la grasa láctea (por encima de 35°C). Sólo a esta temperatura se consigue un buen desnatado. Si se centrifuga a una temperatura demasiado fría, queda grasa en la leche magra. La máquina centrifugadora debe graduarse de manera que la nata obtenida contenga el 30-40% de grasa. Como el contenido de grasa no puede determinarse en las instalaciones de elaboración artesanal, deberá calcularse en función de la cantidad de nata obtenida y del contenido inicial de grasa en la leche. El cálculo puede llevarse a cabo utilizando la fórmula siguiente:

$$\frac{\text{Tasa de grasa en la leche de partida} \times 100}{\text{Tasa de grasa deseada en la nata}} = \text{Cantidad de nata de la leche de partida, en\%}$$

Como en la centrifugación pasa a la nata la totalidad de la grasa de la leche, la cantidad de grasa presente en la nata dependerá de la cantidad de nata obtenida. Cuanto mayor sea la cantidad de nata obtenida a partir de la misma cantidad de leche de partida, más bajo será el contenido graso, y, cuanto menor sea la cantidad de nata, más alto será su contenido graso.

Ejemplo práctico

Contenido graso de la leche de partida: 5% (principio de la lactación).

Contenido deseado de grasa en la nata: 35%.

Aplicando la fórmula, resulta:

$$\frac{5 \times 100}{35} = 14{,}29$$

Lo cual significa que el 14,29% de la cantidad de leche inicial debe ser la cantidad de nata a obtener, para que ésta contenga un 35% de grasa. Para conseguir esto, es fácil graduar convenientemente el rendimiento de la centrífuga.

Ejemplo

Rendimiento de la centrífuga: 125 litros/hora

El 14,29% de esto supone 17,86 litros de nata/hora.

Pero no es necesario trabajar con la centrífuga durante una hora para medir la obtención de 17,86 litros, sino que basta con medir el tiempo necesario para obtener un litro de nata. El cálculo de este tiempo es sencillo:

Si 17,86 litros se obtienen en 3.600 segundos (una hora),
1 litro se obtendrá en x segundos

$$\frac{3.600 \times 1}{17{,}86} = 201 \text{ segundos}$$

Esto quiere decir que 1 litro de nata debe obtenerse en 201 segundos (= 3 minutos y 21 segundos) de funcionamiento de la centrífuga, con lo cual la nata contendrá un 35% de grasa, en las circunstancias propuestas.

La fórmula para el cálculo, en el caso de un rendimiento distinto de la centrífuga, sería:

$$\frac{3.600 \text{ seg.} \times 1 \text{ litro}}{\text{Cantidad de nata calculada en litros/hora}} = \text{Tiempo necesario para 1 litro de nata}$$

Cuando por mal funcionamiento de la centrífuga, temperatura demasiado baja o causas similares queda todavía grasa en la leche magra, este cálculo obviamente no puede hacerse.

Maduración de la nata

En la maduración de la nata se distingue entre:

- Maduración física (manteca de nata dulce y también manteca de nata ácida).
- Maduración biológica (sólo manteca de nata ácida).

Estos dos tipos de maduración tienen finalidades diferentes:

Con la maduración física se influye sobre la cristalización de la grasa y las características del batido; con la maduración biológica, fundamentalmente sobre el sabor.

Ambos métodos de maduración tienen un punto en común: los dos necesitan tiempo. De aquí que la nata recién obtenida pueda batirse poco o nada para obtener mantequilla.

Maduración física de la nata mediante control de la temperatura

El proceso de formación de mantequilla requiere grasa cristalizada y consistente. Esto se consigue enfriando rápidamente la nata tras su obtención a las temperaturas de solidificación de la grasa láctea (8-22°C) y almacenándola durante largo tiempo a esas temperaturas (maduración de la nata). Lo mejor es dejar madurar la nata en el refrigerador como mínimo durante 12 horas después de centrifugar. Esta maduración física de la nata debe llevarse a cabo siempre, se trate de elaborar mantequilla de nata dulce o de nata ácida.

El subsiguiente templado a la temperatura de batido (14-18°C) debe realizarse con precaución; el mejor procedimiento es dejar la nata a temperatura ambiente antes del batido. Si la nata se calienta rápidamente en baño maría a la temperatura de batido, la temperatura del agua no debe superar los 25°C. Si este agua está demasiado caliente, existe el peligro de que durante la maduración de la nata se funda la grasa cristalizada, lo que perjudica luego el batido.

Maduración biológica con bacterias acidolácticas

En la fabricación de mantequilla de nata ácida, además de la maduración física de la nata debe realizarse una maduración biológica con bacterias acidolácticas. Esto se lleva a cabo mediante adición de cultivo y fermentación de la lactosa con formación de ácido láctico y otros componentes que imparten aroma y sabor. Como este proceso necesita tiempo, ambos métodos de maduración pueden combinarse bien.

Se dispone de dos opciones: la llamada maduración caliente y la maduración fría-caliente.

En la **maduración caliente**, la nata se enfría a 15-18°C después de centrifugar y se siembra con el 2-3% de leche ácida o nata ácida. Luego se deja madurar durante 20 horas, lo que se consigue fácilmente en un local fresco. La temperatura por debajo del punto de solidificación de la grasa láctea y el prolongado tiempo de maduración provocan la cristalización de la grasa y, la adición de cultivo, la acidificación.

En este caso, tras la maduración puede efectuarse el batido a la misma temperatura.

En la **maduración fría-caliente**, la nata recién obtenida se mantiene durante 8 horas a 6-8°C, con lo que se produce una maduración física. Transcurrido ese tiempo, la nata se extrae del frigorífico y se siembra con un 5-6% de leche ácida; después se deja en reposo a temperatura ambiente hasta el día siguiente (12-14 horas). Es conveniente enfriar la nata a 14-18°C antes de batirla. La ventaja del método de maduración fría-caliente estriba en que mejora la untabilidad de la mantequilla.

En ambos procedimientos puede utilizarse cultivo desecado-congelado en lugar de leche ácida. Entonces es necesario elevar la dosis incorporada.

Batido

La nata madurada se bate en una mantequera o en una batidora. El principio de la fabricación de mantequilla se basa en la aglomeración de los glóbulos grasos. Para ello, la nata se somete a un intenso tratamiento mecánico, que incorpora aire en el interior de la masa de nata. Así se origina una espuma de burbujas muy finas. Los glóbulos grasos inicialmente dispersos de manera uniforme en la nata se acumulan y comprimen en las superficies de contacto entre aire y la nata, lo que recibe el nombre de aglomeración. Seguidamente, durante la operación de batido se produce la rotura total de las envolturas de los glóbulos grasos, con lo que se aglomera la grasa de la nata y forma un grano de mantequilla. Cuanto mayor es el tiempo de batido, de mayor tamaño son los granos de mantequilla. El tamaño óptimo es el de los guisantes.

El filtrado del suero de mantequilla debe realizarse de la forma más completa

Descripción esquemática de la elaboración de mantequilla a partir de nata cruda

Desnatado de la leche
↓
Contenido de grasa en la nata: 30-40%

↙	↘
Mantequilla de nata dulce	**Mantequilla de nata ácida**
↓	↓
Enfriar la nata a 8°C (frigorífico)	Enfriar la nata a 15°C
↓	↓
Dejar madurar como mínimo durante 12 horas	Añadir el 4-5% de leche ácida o cultivo desecado-congelado
↓	↓
Templar a 15°C	Dejar madurar durante 16-18 horas
↓	↓

Batir en la mantequera o con batidora, hasta la separación granos de mantequilla-suero (granos del tamaño de guisantes)
↓
Eliminar el suero mediante filtrado
↓
Lavar 1-2 veces con agua fría potable
↓
Amasar lentamente la mantequilla (eliminación de agua) y filtrar con frecuencia el agua producida
↓
Rápido amasado final de la mantequilla (fino reparto del agua residual)
↓
Cuando no se vea más agua libre y la mantequilla se pegue fácilmente a la mano, dar forma a la masa de mantequilla, envasar y refrigerar

posible. Los residuos abundantes de suero de mantequería constituyen un excelente medio de cultivo para los gérmenes, reduciendo la capacidad de conservación de la mantequilla. Tras la separación del suero, los granos de manteca se lavan una o dos veces. Este lavado tiene por finalidad eliminar los últimos restos de suero; debe realizarse con agua absolutamente potable. Además, el agua de lavado estará muy fría (si es preciso, enfriarla con hielo), para que ganen consistencia los granos de mantequilla. Cuando los granos son de consistencia sólida, se elimina mejor en el posterior amasado (mazado) el agua que la ley obliga a retirar.

El amasado debe realizarse con lentitud. Lo mejor es practicarlo con la amasadora de la cocina. Como consecuencia de la dureza de la grasa de la mantequilla, el grano se rompe y libera agua, que será filtrada; esta operación se realiza 5-6 veces. Cuando ya no se produce más agua, se puede amasar con rapidez, con objeto de repartir el agua residual lo más fina y uniformemente posible en el seno de la mantequilla. Cuanto mejor se realice esto, más prolongado será el tiempo de conservación de la manteca. A continuación, se da forma a la masa de mantequilla, se envasa y se lleva al refrigerador.

Conservación y almacenamiento

La mantequilla debe conservarse siempre en ambiente frío (frigorífico) y al abrigo de la luz. Esto último resulta extraordinariamente importante porque la grasa de la mantequilla es atacada y descompuesta con mucha rapidez por los rayos ultravioleta de la luz solar. Las consecuencias son la oxidación de la grasa y el llamado «sabor a luz». Basta media hora de exposición a la luz solar (por ejemplo, en el puesto del mercado) para que la mantequilla comience a modificar su sabor en las zonas exteriores. Por ello, la mantequilla debe envolverse o empaquetarse con material opaco o almacenarse en lugar oscuro.

Tratamiento de la leche de cabra

Diferencias entre las leches de oveja y cabra

Como diferencia de la leche de oveja, la de cabra tiene menos grasa y proteína. Tampoco se producen en la leche de cabra acusadas oscilaciones de estos componentes en el curso de la lactación. Los valores permanecen relativamente constantes, lo que permite trabajar durante todo el año con la misma tecnología.

La composición de la proteína de la leche de cabra es distinta, comparada con la de la leche de oveja. La proteína caprina es más fina y delicada. Ello se aprecia en la obtención de una cuajada más blanda; esto se compensa en parte con tiempos más largos de coagulación en la fabricación de queso. En la elaboración de queso fresco o de requesón, esta circunstancia incluso resulta ventajosa. Sin embargo, cuando se entremezcla bien, el requesón de leche de cabra presenta una textura casi cremosa. Una masa tan fina, delicada y fluida no puede prepararse a partir de leche de oveja, por mucho que se bata; ésta siempre será algo más basta.

Debido al resto de la composición, sobre todo al menor contenido de proteína, muchos productos no pueden elaborarse con leche de cabra con la misma calidad que con la leche de oveja. Por ejemplo, en lo referente al queso fresco en forma de rollo, con medio litro de leche no puede prepararse ningún rollo, sino únicamente una pequeña pella. Tampoco en la fabricación de yogur se consigue la consistencia del yogur de leche de oveja. El yogur de cabra siempre es blando.

Además, el rendimiento es bastante menor en la fabricación de queso, lo cual hace que el precio del queso de cabra sea más alto en el mercado que el de oveja.

También la proporción caseína-proteína del suero es diferente en la leche de cabra con respecto a la de oveja. La leche de cabra contiene más proteína en el suero, lo cual implica en la fabricación de queso con un rendimiento algo menor. La proporción no es de 80:20%, como en la leche de oveja, sino de 75:25% (ver también el capítulo «Proteína de la leche», pág. 19).

Observaciones sobre el tratamiento

En el tratamiento de la leche de cabra debe tenerse en cuenta su escaso contenido de proteína y la delicada constitución de ésta. Todos los productos que se fabrican con leche de oveja también pueden elaborarse, básicamente, con leche de cabra. Tan sólo, la leche debe tratarse con cuidado y atención. Como consecuencia de otras diferencias de composición respecto a la leche de oveja, deben adoptarse ciertas variaciones en la tecnología, que, por otra parte, no resultan gravosas. Todas las indicaciones hechas sobre componentes, requisitos para el tratamiento de la leche, coagulación por el cuajo, coagulación ácida, sustancias auxiliares y explicación de las etapas de tratamiento de la leche referidas a la leche de oveja, son validas también para la leche de cabra. Las diferencias existentes con respecto a la leche de oveja en la elaboración de productos lácteos se recogen en las siguientes descripciones esquemáticas. Se expresan en negritas.

Diferencias especiales de la elaboración

En las descripciones de la fabricación que siguen a continuación se omiten las

Descripción esquemática de la elaboración de yogur

Descripción detallada en página 42

Calentar la leche a 90-95°C
o darle un corto hervor

↓

Tiempo de mantenimiento del calor: 5-10 minutos

↓

Enfriar a la temperatura de inoculación de 45-46°C

↓

Inocular un 2,5 % de cultivo de yogur;
utilizar yogur sólido de Central lechera o cultivo
desecado-congelado de acuerdo con instrucciones

↓

Llenar vasos o copas

↓

Incubar en estufa o baño María a 42-43°C

↓

Tiempo de incubación (hasta alcanzar pH 4,6): 2,5-3 horas;
si se utiliza cultivo desecado-congelado: 4-5 horas

↓

Enfriar por debajo de 6°C

Descripción esquemática de la elaboración de yogur de frutas

Descripción detallada en página 45

Calentar la leche a 90-95°C o darle un breve hervor
↓
Tiempo de mantenimiento del calor: 5-10 minutos
↓
Enfriar a la temperatura de inoculación de 30°C
↓
Inocular cultivo de yogur;
0,5 % de yogur sólido de Central lechera, o bien
cultivo desecado-congelado en 1/4 de la dosis indicada
↓
Incubar en olla a 30°C
↓
Tiempo de incubación (hasta alcanzar pH 4,2): 14-18 horas
↓
Remover la cuajada a 30°C
↓
Agregar frutas y azúcar o mermelada
↓
Llenar vasos o copas
↓
Enfriar por debajo de 6°C

Descripción esquemática de la elaboración de nata ácida

Descripción detallada en página 47

Templar la leche a 40-45°C

↓

Centrifugar

↓

Calentar la nata a 90-95°C

↓

Mantener el calor durante 10-20 minutos

↓

Enfriar a 22-26°C

↓

Inocular con un 1-1,5 % de leche ácida o bien con cultivo desecado-congelado según dosis indicadas

↓

Llenar vasos

↓

Incubar 16-18 horas

↓

Enfriar a 6-8°C

Descripción esquemática de la elaboración de queso fresco tipo «Gupferl»

Descripción detallada en página 49

Utilización de leche cruda o leche pasteurizada. En el segundo caso, hace falta añadir calcio (2,5 ml de solución saturada de cloruro cálcico a 10 litros de leche)

Templar la leche a 23-25°C

↓

Agregar bacterias acidolácticas (cultivo desecado-congelado), en la dosis de media cucharada de café para 10 litros de leche

↓

Disolver bien el cultivo: durante 30 minutos agitar con frecuencia

↓

Añadir el cuajo (líquido, al 1:15.000): 3-4 ml a 10 litros de leche; diluir el cuajo con agua fría potable

↓

Llenar rápidamente (máximo 20 minutos) los moldes para la coagulación de la leche

↓

Introducir en estufa o baño María a 23-25°C

↓

Tiempo de coagulación: para la leche, 30-40 minutos; **para obtener queso transformable, 12-16 horas**

↓

Girar los moldes 4-6 horas después de incorporar el cuajo

↓

Trasladar a moldes perforados durante 6-10 horas y dejar desuerar del todo a temperatura ambiente (de acuerdo con la consistencia deseada del queso)

↓

Extraer de los moldes y enfriar los quesos a 5-7°C

Descripción esquemática de la elaboración de quark o queso en capas

Descripción detallada en página 59

Empleo de leche cruda o pasteurizada. Aun utilizando leche pasteurizada, no hace falta añadir cloruro cálcico

Templar la leche a 22-26°C

↓

Añadir el 1-2 % de cultivo de bacterias acidolácticas, leche ácida o suero de mantequilla, o cultivo desecado-congelado en dosis doble

↓

Plazo de incubación (dejar reposar): 2-3 horas

↓

Agregar cuajo (líquido, al 1:15.000): 0,1-0,2 ml a 10 litros de leche; diluir el cuajo con agua fría potable (2-4 gotas)

↓

Tiempo de coagulación (dejar reposar cubierto): 14-18 horas a 22-26°C

↓

Trasegar con cogedor (cogedor plano o paleta)

↓

Quark

↓

En recipientes forrados con paño de malla fina; doble fondo; espesor máximo de la capa: 10 cm.

↓

Dejar reposar 30 minutos, recoger el paño y comprimirlo lentamente con presión creciente, hasta que el requesón tiene la consistencia deseada (de acuerdo con la cantidad trabajada, 1-3 horas)

↓

Entremezclar bien el requesón, envasar y refrigerar a menos de 6°C, o bien utilizar en especialidades.

↓

Queso en capas

↓

En moldes para queso en capas (molde perforado de tamaño adecuado); verter la cuajada por capas

↓

Invertir los moldes cada 3-4 horas, en total 3-4 veces; tras 12-16 horas de escurrido, llevar los moldes al refrigerador

↓

Tras enfriar bien, extraer de los moldes y envasar; depositar en frigorífico (el queso trasuda un poco)

Descripción esquemática de la elaboración de queso blando

Descripción detallada en página 64

No añadir agua a las leches de cabra o vaca

↓

Templar la leche a 30-33°C

↓

Agregar el cultivo de bacterias acidolácticas,
leche ácida o suero de mantequería en un 0,5-1 %, o bien
cultivo desecado-congelado según instrucciones

↓

Cuando se utilice leche pasteurizada, incorporar cloruro
cálcico a razón de 2,5 ml por 10 litros de leche

↓

Tiempo de incubación (dejar reposar): 15-20 minutos

↓

Adición del cuajo (líquido, sol. al 1.15.000): 2-2,5 ml
a 10 litros de leche; diluir el cuajo con agua fría potable

↓

Tiempo de coagulación: 50-60 minutos

↓

Cortar la cuajada en cubitos (según tres planos) de 1-1,5 cm

↓

Dejar acabar de cuajar (hasta que el suero sobrenade la
cuajada): unos 15 minutos

↓

Agitar la cuajada 20-40 minutos
(de acuerdo con la consistencia deseada en el queso)

↓

Llenar los moldes con la mezcla cuajada-suero

↓

Invertir los moldes 4-6 veces (inmediatamente después del
llenado; luego, a intervalos cada vez más largos)

↓

Desuerar y acidificar el queso a temperatura ambiente
(no inferior a 20°C) durante 16-20 horas

↓

Rendimiento en queso (según consistencia):
1,2-1,4 kg a partir de 10 litros de leche

Descripción esquemática de la elaboración de queso de pasta azul

Descripción detallada en página 72

No agregar agua a la leche

↓

Templar a 30-32°C

↓

Si se trabaja con leche pasteurizada, añadir cloruro cálcico (1 g a 10 litros de leche)

↓

Si se trabaja con leche de ensilado, añadir nitrato sódico (1 g a 10 litros de leche)

↓

Agregar un 2 % de cultivo acidificante (leche ácida) o
cultivo desecado-congelado en dosis doble

↓

Incorporar cultivo de mohos *(Penicillium roqueforti)*
(dejar antes que se imbiba en una pequeña cantidad de agua fría)

↓

Dejar reposar 40-50 minutos (plazo de incubación)

↓

Añadir cuajo a razón de 2-2,5 ml por 10 litros de leche

↓

Tiempo de coagulación: 60-70 minutos

↓

Cortar la cuajada en cubitos (según 3 planos) de 1,5 cm de arista

↓

Acabar de espesar la cuajada durante10-15 minutos

↓

Agitar la cuajada fragmentada hasta que el suero alcance un pH de 6,0-6,1 (2-3 horas).
Si, entre tanto, se enfría la mezcla cuajada-suero, hay que volver a templar
hasta la temperatura lab de 30-32°C

↓

Llenar los moldes sin incluir suero

↓

Dar la vuelta a los quesos (4-5 veces) y dejar reposar hasta el día siguiente (14-18 horas) para que
se complete el desuerado y la acidificación

↓

Salazonar los quesos (durante un tiempo acorde con el tamaño de las piezas)

↓

Dejar secar durante un día

↓

Pinchar los quesos

↓

Madurar durante 3-4 semanas en local a 10-12°C y con el 93-97 % de humedad relativa

↓

Envolver en lámina

↓

Conservar durante 2-3 meses a 7-8°C (frigorífico)

Descripción esquemática de la elaboración de quesos de corte

Descripción detallada en página 81

No agregar agua a las leches de cabra o vaca

↓

Templar la leche a 30-33°C

↓

Agregar el cultivo de bacterias acidolácticas, leche ácida o suero de mantequería en un 0,5-0,8 %, o cultivo desecado-congelado según instrucciones

↓

Si se utiliza leche pasteurizada, incorporar cloruro cálcico a razón de 1 g por10 litros de leche

↓

Si se trabaja con leche de ensilado, añadir nitrato sódico a razón de 1 g por 10 litros de leche

↓

Tiempo de incubación (dejar reposar): 15-20 minutos

↓

Agregar el cuajo (líquido, en sol. 1:15.000): 2,0-2,5 ml a 10 litros de leche; diluir el cuajo con agua potable fría

↓

Tiempo de coagulación: 45-60 minutos

↓

Cortar la cuajada en cubitos de 4-7 mm de arista

↓

Agitar durante 15-20 minutos (según la consistencia deseada en el queso)

↓

Eliminar el suero (35-40 % de la cantidad de leche)

↓

Lavar la cuajada cortada: añadir agua en la proporción del 35-40 % de la cantidad de leche

↓

Volver a calentar a 36-40°C

↓

Agitar durante 10-20 minutos (según la consistencia deseada en el queso)

↓

Llenar los moldes con la mezcla cuajada-suero

↓

Invertir los moldes 4-6 veces en total (inmediatamente después de llenar; luego, a intervalos crecientes)

↓

Desuerar y acabar de acidificar los quesos a temperatura ambiente (no inferior a 20°C) durante 16-20 horas

↓

Rendimiento en queso (según consistencia): 0,9-1 kg a partir de 10 litros de leche

aclaraciones acerca de cada paso de la elaboración, porque ya se describieron en la leche de oveja y son válidas también para la de cabra.

Queso de cabra francés

En Francia existe una manera especial de fabricar queso a partir de leche de cabra. La mayoría de los quesos de cabra franceses (frescos y blandos) se elaboran en explotaciones familiares, de forma artesanal, mediante combinación de requesón y queso blando, trabajados en la forma que se describe a continuación.

La leche de cabra se templa a 20-25°C y se siembra con el 1% de cultivo acidificante (leche acidificada). Luego se añade 0,5-1 ml de cuajo líquido por 10 litros de leche, dejándose después coagular durante 12-14 horas en cuba cubierta. Transcurrido este tiempo, la cuajada se trasiega a los moldes en capas finas con ayuda de una paleta adecuada. En todas las variedades se utilizan moldes pequeños. De acuerdo con la variedad, los moldes son altos, ligeramente cónico, redondos (como en el Sainte-Maure), o bajos redondos, angulares, en forma de corazón u otras. Estos moldes tienen fondo sencillo y algunos pequeños agujeros en el borde.

En estos moldes permanecen los quesos un día (muchas veces hasta dos días), sin darles la vuelta para facilitar el desuerado. Cuando la consistencia es suficientemente sólida, los quesos se colocan sobre un estante enrejillado cubierto con papel y se espolvorean con sal gorda (frecuentemente mezclada con ceniza). A continuación se mantienen los quesos durante 3 ó 4 días en frigorífico a 10°C. En este tiempo se seca la superficie y las piezas ganan en consistencia. Los quesos pueden ahora espolvorearse con condimentos o hierbas aromáticas y sacarse a la venta como queso de cabra tierno.

Los quesos que se venden como «quesos madurados», después del tiempo de permanencia en el frigorífico se trasladan a un local de maduración a 14°C y con una humedad ambiental no demasiado baja (80-85%). En la sala de maduración permanecerán los quesos 2 ó 3 semanas. En este tiempo se forma muchas veces una capa de moho sobre las piezas, que puede reforzarse pulverizando oportunamente los quesos con mohos Camembert. Cuanto más tiempo permanecen los quesos en el local de maduración, más duros resultan y más intenso es su aroma.

Tratamiento de la leche de vaca

Al comparar entre sí las leches de oveja, cabra y vaca, destaca el hecho de que la composición cualitativa de proteínas y grasa, así como la proporción de caseína con respecto a las proteínas del suero, son prácticamente idénticas en las leches de oveja y vaca, mientras que la proporción cuantitativa de los componentes de la leche de vaca se asemeja mucho a la de la leche de cabra.

Por tener la leche de vaca casi la misma composición que la leche de cabra, la primera se trata en idénticos términos que la segunda. Las directrices de transformación pueden asumirse, con la única diferencia de reducir en 10-15 minutos el tiempo de coagulación en la elaboración de queso.

Dos productos que también pueden elaborarse con leches de oveja o cabra, el queso Cottage y el queso de leche acidificada, se obtienen de óptima calidad utilizando leche de vaca. Por ello, la preparación de estos quesos se describe a continuación con más detalle.

Queso Cottage

La característica principal del queso Cottage, también llamado queso campero, es su textura granular, que no se origina en la precipitación por el cuajo y corte de la cuajada, sino que se basa en la pura precipitación ácida de la proteína. El sabor típico se consigue mezclando los granos de queso con nata, que es absorbida por los granos de cuajada, a los que recubre. Por esto se comprende que en la fabricación de queso Cottage se utilice leche magra, para añadir la grasa con posterioridad. La elaboración de este tipo de queso requiere cierta habilidad, constituyendo una producción que se prolonga en la quesería a lo largo de tres días. La fabricación se organiza en varias etapas:

- Acidificación de la leche magra.
- Preparación de la cuajada y templado posterior.
- Lavado de la cuajada.
- Engrasado con nata.

Elaboración

La leche magra se calienta a 22-26°C, se siembra con el 1,5% de leche acidificada o suero de mantequería y se deja que la acidificación progrese durante 14-18 horas. Por razones de segu-

Figura 63. Corte del queso Cottage.

ridad, también puede utilizarse cultivo desecado-congelado. El pH debe ser 4,6-4,5 al cabo de este tiempo. Esta leche coagulada mediante pura acidificación se corta en cubitos de 7 mm de arista. Esta operación debe realizarse con gran cuidado, pues la cuajada es muy blanda. Para obtener cubitos de tamaño uniforme es conveniente utilizar un marco alambrado (lira de quesería), con el que se practican los tres cortes de rigor (ver también el capítulo de «Quesos blandos», en pág. 68). Por tratarse de una precipitación ácida, el suero fluye con mucho retraso; por ello, la cuajada cortada debe dejarse reposar 20-30 minutos, para que se expulse algo más de suero y aumente la consistencia.

Cuando en la superficie y en los bordes aparece ya algo de suero, puede iniciarse el recalentamiento. A diferencia de lo que sucede en la cuajada obtenida con el cuajo, en la que se produce como es sabido un entramado de calcio que se retrae y expulsa el suero, en la precipitación mediante acidificación sólo aumentando la temperatura se consigue la retracción de la proteína y la consiguiente separación del suero. De aquí que este recalentamiento tenga una gran importancia. Debe llevarse a cabo con mucha lentitud y cuidado, con objeto de evitar el desuerado demasiado rápido y con ello la formación de una membrana dura en la superficie de los granos de cuajada. Durante toda la operación de recalentamiento, el contenido de la tina debe ser removido con mucha suavidad, con lo cual la cuajada no se rompe y se evitan adherencias. Este calentamiento se hace a la temperatura de 55-60°C y debe durar alrededor de 40 minutos (1 minuto por cada grado centígrado de aumento de temperatura). Lo más práctico y sencillo para realizar esta operación es introducir la tina en un baño maría, o bien, cuando se trabaje con grandes cantidades, utilizar una cuba de doble pared.

Alcanzada la temperatura máxima, la cuajada fragmentada se sigue removiendo durante otros 15-30 minutos, para que gane consistencia; acto seguido se da salida al suero.

Una vez extraído todo el suero, se lava la masa dos o tres veces con agua fría. La cantidad de agua a utilizar se corresponde con la cantidad de suero. Se cuidará la calidad del agua, de manera que no se contamine el producto con gérmenes nocivos. Por ello, en casos especiales conviene utilizar agua hervida. El lavado tiene por finalidad eliminar por completo todos los demás componentes de la leche, sobre todo la lactosa, el ácido láctico y las sales. El lavado también debe efectuarse con relativa rapidez, para que la cuajada no tenga oportunidad de captar agua. Si se lava con demasiada lentitud, la cuajada absorbe demasiada agua, con lo que se

Figura 64. Recalentado y removido de la cuajada para queso Cottage.

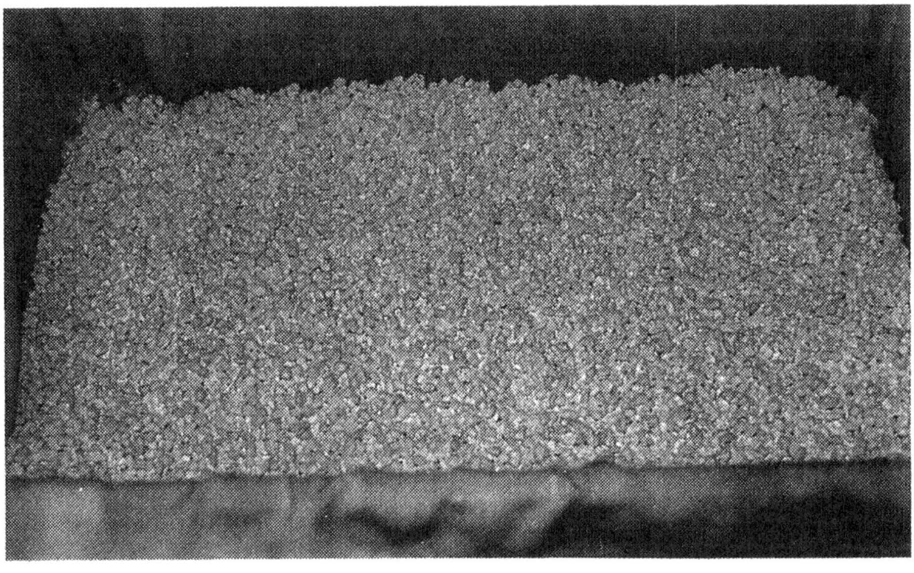

Figura 65. Cuajada fragmentada para queso Cottage depositada en una tina con paño para que escurra.

Nota: *Las Figuras 66 y 67 se encuentran en el pliego de color.*

imbibe, se reblandece y en el posterior añadido de grasa no puede retener la nata.

Tras el último lavado, la cuajada se lleva a cubetas o paños de desuerado y se deja escurrir durante 3-5 horas.

A continuación se añade la nata a la cuajada. El queso Cottage presente en el mercado contiene habitualmente un 20% de grasa en el extracto seco. Pero también se admiten otros porcentajes de grasa, que deben declararse en todos los casos. La nata utilizada en el engrasamiento contiene alrededor de un 15% de grasa (para calcular y graduar el contenido en grasa de la nata, ver el Cálculo cruzado de mezclas, pág. 127). Se puede añadir nata dulce o también nata acidificada; en este segundo caso, el sabor del queso es un tanto ácido. La cantidad a añadir de nata depende del contenido graso que se desea y es relativamente alta. Para conseguir un 20% de grasa en extracto seco, se añaden, por ejemplo, 4,5-4,7 litros de nata con el 15% de grasa a 10 kg de cuajada. Al principio, la cuajada flota en la nata, pero ésta va siendo absorbida paulatinamente por la cuajada. El proceso dura normalmente de 4-6 horas.

Durante este tiempo, la mezcla ya se ha enfriado. Si el queso Cottage se elabora salazonado o con hierbas aromáticas, lo más sencillo es entremezclar la sal y las hierbas con la nata. Como cantidad de sal a añadir se recomienda el 0,7-0,8% de la cantidad total. Una vez absorbida la nata, se vuelve a entremezclar y y se envasa.

La cantidad de nata necesaria para ajustar el contenido de grasa en un determinado punto puede calcularse exactamente. Pero para ello hace falta conocer con exactitud el contenido de grasa de la nata, así como el extracto seco (ES) de la cuajada. El cálculo se realiza así:

$$\text{kg nata} = \frac{\text{kg cuajada} \times \text{\% deseado de grasa en ext. seco} \times \text{\% ES cuajada}}{(100 \times \text{\% grasa en nata}) - (\text{\% grasa en ext. seco} \times \text{\% ES nata})}$$

Extracto seco nata = Contenido grasa en nata + ext. seco desengrasado
(ES nata) (ESD)

$$\text{ES nata} = \frac{8{,}5 \times (100 - \text{Contenido de grasa})}{100}$$

Descripción esquemática de la elaboración de queso Cottage

Templar la leche magra a 22-26°C
↓
Sembrar con el 1,5 % de leche acidificada o suero de mantequería e incubar (dejar en reposo) 14-18 horas
↓
Cortar la cuajada (según 3 planos) en cubitos de unos 6-8 mm
↓
Dejar reposar 20-30 minutos
↓
Volver a calentar a 55-60°C
↓
Agitar a temperatura máxima durante 15-30 minutos
↓
Absorber la mayor cantidad posible de suero
↓
Lavar 2-3 veces con agua fría
↓
Dejar escurrir 3-5 horas
↓
Engrasar con nata con el 15 % de grasa
↓
Dejar reposar para que se absorba la nata (en frigorífico) durante 4-6 horas
↓
Entremezclar y envasar

Identificación y prevención de defectos

Defectos	*Causas*	*Prevención*
Producto demasiado blando; roto al incorporar la nata	Desuerado demasiado escaso; contenido de agua demasiado alto	Temperatura de calentamiento más alta; prolongar el tiempo de removido; lavar con más rapidez; recalentar más despacio; entremezclar con cuidado
Producto demasiado consistente	Demasiado extracto seco en la cuajada; desuerado demasiado intenso	Menor temperatura de recalentamiento; más corto tiempo de removido; cuajada cortada en trozos de mayor tamaño

(continúa)

Identificación y prevención de defectos (Continuación)

Defectos	*Causas*	*Prevención*
La nata no es absorbida	Capacidad de absorción de los fragmentos de cuajada demasiado escasa	Recalentar más lentamente; revolver más tiempo a máxima temperatura; lavar más deprisa; añadir menos nata, con mayor tasa de grasa; mayor tiempo de escurrido; dejar más tiempo entre añadir la nata y envasar
Producto demasiado seco	Líquido demasiado escaso en los granos de cuajada	Añadir más nata con menor tasa de grasa; mantener más baja la temperatura de recalentado
Cubitos de cuajada desiguales	Defecto en el cortado y removido	Cortar exactamente en tres planos; remover con cuidado al recalentar; entremezclar con cuidado la nata
Mucho «polvo» en el suero; bajo rendimiento	Defecto de corte; post-coagulación y removido; escaso contenido proteico	Cortar con cuidado; dejar reposar más tiempo hasta recalentar; remover con cuidado al recalentar, sobre todo al principio
Sabor demasiado ácido	Demasiado suero en el producto; nata añadida demasiado ácida	Al lavar, absorber más suero; aumentar la cantidad de agua de lavado; si es caso, lavar con más frecuencia; añadir nata dulce
Producto insípido	Falta de aroma por añadir cantidad demasiado escasa de nata	Aumentar la cantidad de nata; utilizar nata acidificada; mejor mezclado al añadir la nata y envasar

Queso de leche ácida

Los quesos de leche ácida son aquellos que se elaboran tan sólo acidificando la leche, es decir, sin agregar cuajo. Como material de partida sirve la cuajada ácida (cuajada de leche acidificada), preparada como ya se ha indicado. Según deseo y tipo, este requesón ácido se trabaja fresco o madurado. Mezclado con condimentos y practicando diversas modalidades de maduración, se pueden obtener muchas variedades de sabor. Aquí citaremos como ejemplo solamente dos clases: el queso cocido y el queso de leche ácida al estilo «Quargel».

Si bien el queso cocido se incluye en Alemania entre los quesos fundidos, se cita en este punto porque el material de partida es el mismo requesón ácido utilizado en el queso de leche ácida. En la preparación del queso de leche ácida se utiliza normalmente leche magra (sobre todo para el queso cocido), aunque también puede emplearse leche entera.

Elaboración de la cuajada básica

La leche se templa a 22-26°C y se siembra con un 1,5% de leche ácida o de suero de mantequería, o bien con cultivo desecado-congelado en dosis algo más elevada. Después de mezclar bien este cultivo, se deja reposar la leche a temperatura constante hasta el día siguiente (14-18 horas).

Una vez coagulada, la cuajada se fragmenta en trozos de 0,5-1 cm, con lo que puede fluir algo de suero. No es necesario efectuar el corte en tres planos; esta operación puede llevarse a cabo también con un cuchillo o una paleta. Como en el queso Cottage, es necesario dejar la cuajada en reposo durante unos 30 minutos. Si fluyó suficiente cantidad de suero, puede comenzarse el recalentamiento y agitación, al principio lenta y cuidadosamente, con objeto de no producir demasiado «polvo». El nuevo calentamiento debe realizarse de forma indirecta, mejor en baño maría a la temperatura de 45-50°C. Alcanzada esta temperatura, se sigue removiendo durante 15-30 minutos, con lo que la cuajada se endurece. Después se vierte en un paño para que el suero pueda escurrir. Se favorece este desuerado ejerciendo presión hasta que el requesón aparezca relativamente seco. A partir de este requesón inicial se prepara el queso de leche ácida.

Transformación en queso cocido

El queso cocido es cuajada ácida (cuajada de leche acidificada) fundida mediante calentamiento, al que en el curso de la elaboración, para mejorar el sabor, generalmente se añade mantequilla, sal y condimentos. El queso cocido se conoce con diversos nombres regionales; en Austria, por ejemplo, recibe el nombre de «queso Glundner».

Mientras que la fusión normalmente se realiza sin problemas, pueden presentarse dificultades en la maduración previa del requesón ácido. De aquí que revista gran importancia esta etapa de la elaboración, pues la calidad del queso cocido resulta muy influida por ella.

Descripción esquemática de la elaboración de la cuajada ácida como base del queso de leche ácida

Templar la leche magra a 22-26°C
↓
Agregar el 1,5-2 % de cultivo de leche ácida o suero de mantequería o cultivo desecado-congelado en dosis algo mayor
↓
Entremezclar y dejar posar 14-18 horas
↓
Cortar la cuajada en cubitos de 0,5 cm aprox.
↓
Dejar acabar de coagular (reposo) durante 30 minutos
↓
Recalentar a 45-50°C removiendo a la vez con cuidado
↓
Alcanzada la temperatura máxima, seguir agitando 20-30 minutos
↓
Verter en un paño y dejar escurrir el suero
↓
Comprimir hasta que la masa esté suficientemente seca
↓
Utilizar como material de partida para la elaboración de queso cocido o queso de leche ácida

Maduración de la cuajada ácida

Cuando se destine a la elaboración de queso cocido, la cuajada debe ser poco ácida. El pH estará entre 5,5 y 6,0. Esto se consigue mediante maduración adecuada, reduciendo la acidez de la cuajada con ayuda de levaduras.

Para ello, la cuajada finamente desmenuzada se lleva a bandejas de chapa metálica o a cajones de maduración adecuados, depositándose en una capa suelta de unos 5 cm de altura. Para reducir la acidez con más rapidez, la masa puede entremezclarse previamente con algo de sosa para condimentar (Natron). Cubrir luego con un paño húmedo y dejar

Figura 68. Cuajada ácida en capa suelta, depositada en un cajón para que madure.

Figura 69. Calentamiento de la masa de cuajada madurada.

reposar en caliente (temperatura ambiental de 24-28°C).

Esponjar la totalidad de la masa al menos una vez al día, con lo cual se incluye aire suficiente y se reparte la humedad de manera uniforme, todo ello con objeto de impedir que sólo madure la capa superficial. La sala de maduración no debe estar demasiado seca, para evitar la formación de gránulos (desecación demasiado intensa) a partir de los fragmentos de cuajada. Al cabo de 3-4 días ésta ya está bien madura y adopta aspecto vítreo.

Cuando las condiciones de maduración no son las óptimas y el tiempo que transcurre hasta la «cristalización» de las migas de cuajada es demasiado largo, existe el peligro de que la cuajada se enmohezca. En otras ocasiones, la maduración puede discurrir con excesiva rapidez, en cuyo caso las partículas no son vidriosas y consistentes, sino que se tornan líquidas. Esto es atribuible generalmente a exceso de humedad en la cuajada, a una disminución demasiado intensa de la acidez por haber añadido una cantidad excesiva de sosa comestible, o a que la temperatura y humedad son demasiado elevadas. La cuajada puede entonces fundirse, pero adquiere textura fluida y carece de la consistencia necesaria para untar o cortar. Cuanto menores son los fragmentos de requesón, con mayor rapidez se produce la maduración. Por eso en el proceso de maduración deben considerarse todas estas circunstancias. También hace falta un cierto tacto especial en la punta de los dedos, adquirido con la práctica, para obtener siempre una calidad uniformemente buena.

Figura 70. Vertido en los moldes de la masa de queso fundida.

Calentamiento (fundido) de la masa de cuajada madurada

Una vez madurada uniformemente la cuajada, es decir, con las partículas de éste ya glaseadas, se procede a incorporar los demás ingredientes. En la caldera de cocción se agrega a la cuajada alrededor del 1% de sal, comino, y otros condimentos, así como mantequilla para ajustar el porcentaje de grasa en el punto deseado. La mezcla se calienta lenta y progresivamente a 75-90°C sin dejar de remover, hasta alcanzar una textura granulosa homogénea. En términos generales, la operación dura 10-20 minutos, de acuerdo con la cantidad trabajada. Según el contenido en agua y el pH de la masa fundida, ésta resulta líquida, fluida o cremosa y el queso cocido, ya enfriado, se puede untar o cortar. El pH del queso cocido debe ser 5,5-6,0; este valor puede regularse agregando cuajada más o menos madurado. Cuanto más alto es el pH (más próximo a 6,0), más cremoso y untable resulta el queso cocido; cuanto más bajo (más próximo a 5,5), más sólida es la consistencia. La aplicación de excesivo calor en la fusión, el calentamiento demasiado rápido o un removido insuficiente, pueden originar un color ligeramente castaño, acompañado de regusto socarrado.

Todavía caliente, el queso cocido se distribuye en tarros u otros recipientes adecuados y se enfría, con lo que solidifica.

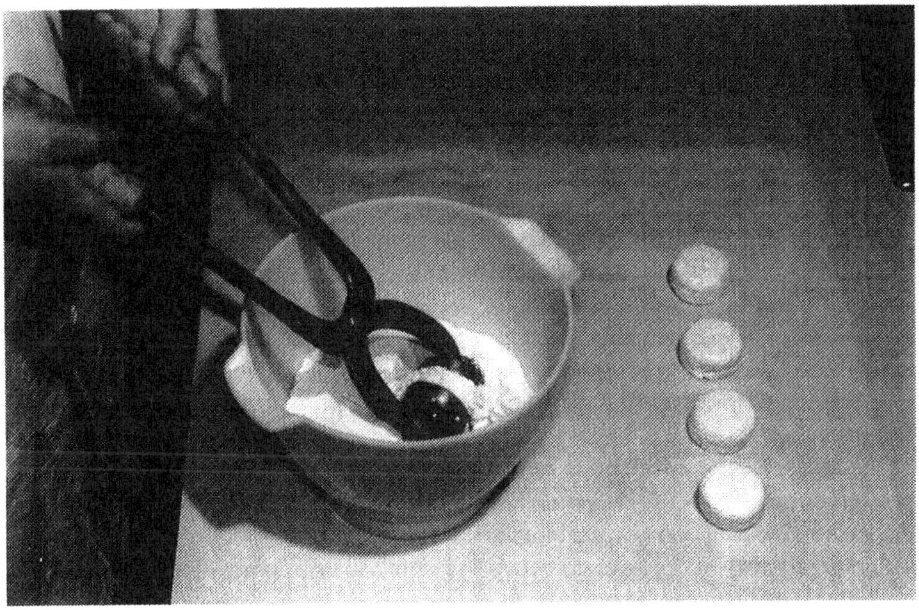

Figura 71. Formación de quesos de leche ácida con ayuda de unas tenazas-moldeadoras.

El llenado de los envases con el producto caliente influye favorablemente sobre la posterior capacidad de conservación. Antes del rellenado, también puede agregarse una pequeña cantidad de requesón fresco desmenuzado. Estas migas de cuajada blancas se distinguen muy bien en el queso ya enfriado.

Transformación en queso de leche ácida

En este grupo se reúnen varias clases de queso, distintas entre sí más por la forma que por la elaboración; algunas de éstas variedades son: Harz, Mainz, queso artesano, queso picante, Quarzgel, etc. Como peculiaridades esenciales de elaboración pueden citarse las siguientes operaciones comunes:

- Picado (molido) de la cuajada ácida.
- Adición de sal común y sal de maduración.
- Moldes y maduración con cultivo rojo.

Añadiendo condimentos y madurando más o menos, se consiguen sabores diferentes.

A la cuajada ácido se le añade un 3% de sal común y el 0,5% de sosa culinaria (Natron), se entremezcla bien y se pica finamente. Este picado se realiza mejor con una picadora de carne. A la masa fina y ya nada grumosa se le da forma introduciéndola en moldes, en los que se comprime sólidamente, si es preciso con ayuda de unas pinzas especiales, evitándose así la inclusión de aire. La forma y tamaño de las piezas quedan a discreción de cada fabricante.

Deben evitarse, sin embargo, los tamaños demasiado grandes, pues los quesos excesivamente voluminosos se rompen luego con facilidad en el tratamiento posterior. Por añadidura, al progresar la maduración desde fuera hacia dentro, en las piezas muy grandes hace falta mucho tiempo para que la maduración alcance el núcleo más interno del queso, momento en el que ya se ha fluidificado el exterior.

Los quesos así conformados se depositan durante 2-4 días en los llamados «cajones de sudado», a una temperatura de 20-25°C y con alta humedad ambiental. Aquí, como resultado de la incorporación inicial de sal, los quesos se humedecen un poco, por lo que deben trasladarse luego a una superficie seca. En este tiempo, las piezas suelen vitrificarse ligeramente en su parte superficial.

Los quesos se lavan a continuación con agua salada y cultivo rojo (50 g de sal y 50-100 ml de cultivo rojo por litro de agua) y luego se llevan al local de maduración, a unos 15°C y con el 90-95% de humedad relativa. Los quesos se frotan con esta solución en días alternos y se les da la vuelta.

El queso ha madurado por completo cuando desaparece el núcleo central blanco. Luego se envuelve, por lo general en lámina de celofán, y se saca al mercado. El almacenamiento se realiza en frigorífico. En muchos lugares, antes de envolver los quesos se frotan con pimentón o comino, para obtener sabores distintos.

Si no se dispone de «local de sudado», los quesos ya conformados pueden llevarse también al local de maduración, aunque entonces el desuerado y la maduración requieren algo más de tiempo. También en este caso debe realizarse el lavado con solución de cultivo rojo sólo al cabo de 5-6 días.

Apéndice

Normalización del contenido graso (por la cruz de las mezclas)

Para poder ajustar el contenido de grasa dentro de los límites prescritos por la ley para los productos lácteos (tasa de grasa en el extracto seco, en el caso del queso), es necesario mezclar leche entera con leche magra (cuando el contenido de grasa es inferior al de la leche entera) o leche entera con nata (si el contenido de grasa es superior).

Estas cantidades parciales a mezclar pueden calcularse exactamente por el método de la cruz de las mezclas o también por el sistema de las unidades de grasa. Para ello es preciso conocer el contenido graso de la leche entera, de la leche magra y de la nata. Por resultar prácticamente imposible determinar en la quesería artesanal los respectivos contenidos grasos (es imprescindible hacer inversiones y manejar productos químicos peligrosos), lo mejor en este caso es trabajar con la tasa natural de grasa, a fin de evitar reclamaciones amparadas por la legislación bromatológica. Basta con declarar «con contenido natural de grasa», acompañado si es caso con una cifra aproximada de grasa o de grasa en extracto seco.

Sin embargo, cuando es necesario normalizar el contenido graso, se pueden aplicar dos sencillos métodos que de continuación se describen:

Cálculo por unidades grasa

1 unidad grasa (UG) es la cantidad de 10 g de grasa. Por consiguiente, una leche con el 4,2% de grasa contiene 4,2 UG/litro.

Al calcular la proporción de grasa que debe llevar un producto por debajo del contenido de grasa de la leche entera, sólo se necesitará por tanto calcular las unidades grasas precisas y dividir el resultado por el contenido de grasa de la leche entera. Así se determina la cantidad de leche entera necesaria para la mezcla.

Ejemplo 1

Deben prepararse 100 litros de leche con el 2,7% de grasa (por ej., para elaborar queso en capas con el 45% de grasa en extracto seco, a partir de leche de vaca).

La leche entera contiene el 4,2% de grasa y la grasa de la leche magra se desprecia (en una correcta centrifugación se consigue un desnatado casi total, quedando en la leche magra menos del 0,1% de grasa).

¿Qué cantidades de leche entera y de leche magra deben mezclarse?

Cálculo

100 litros × 2,7% de grasa (2,7 UG/litro) = 270, que es la cantidad de UG necesarias.

Si 1 litro de leche entera contiene 4,2 UG, ¿cuántos litros de leche entera contendrán 270 UG?

Respuesta: 270 : 4,2 = 64,29 litros.

Esto significa que la cantidad total necesaria de grasa está contenida en 64,29 litros de leche entera. El resto, hasta 100 litros, se completará con leche desnatada (leche magra).

Por consiguiente, deben mezclarse:

64,29 litros de leche entera y
35,71 litros de leche magra.

Para comprobar que el cálculo es correcto, se recurre también a la determinación de las unidades grasa. Las UG de ambas fracciones deben ser idénticas a las UG de la mezcla deseada.

64,29 litros de leche entera con el 4,2% de grasa contienen	270,02 UG
35,71 litros de leche magra, sin grasa, contienen	UG
100 litros de leche con el 2,7% de grasa contienen	270 UG

La comprobación indica que el cálculo fue correcto.

Ejemplo 2

Deben prepararse 60 litros de leche con el 1,2% de grasa (para elaborar requesón con el 20% de grasa en extracto seco). Se dispone de:

Leche entera con el 4,5% de grasa y
Leche magra con el 0,6% de grasa

(No se centrifugó, retirando sólo la nata con espumadera).

El cálculo por el método de las unidades grasa plantea en este caso algún problema. Como con cada litro de leche magra se aporta algo de grasa a la mezcla, esta cantidad de grasa debe tenerse en cuenta al efectuar el cálculo. Las 72 UG requeridas resultarán de sumar la cantidad de leche entera x el % de grasa de la leche entera y la cantidad de leche magra x el % de grasa de la leche magra.

$$
\begin{aligned}
4{,}5x + (60 - x) \times 0{,}6 &= 72 \\
4{,}5x + 36 - 0{,}6x &= 72 \\
3{,}9x &= 36 \\
x &= 9{,}23
\end{aligned}
$$

Hacen falta, por consiguiente, 9,23 litros de leche entera y 50,77 litros de leche magra.

Más sencillo es el cálculo por el método llamado cruz de las mezclas.

Calculo por el método de la cruz de las mezclas

El principio de este método se basa en que, escribiendo los contenidos de grasa

Cálculo:
% grasa LE × Cantidad LE + (Cantidad total – cantidad LE) × % grasa LM = 72
(4,5) (x) (60) (x) (0,6)

en un lado y la diferencia con el valor del centro en el otro lado de la cruz de mezclas, se obtienen las proporciones parciales a mezclar. Entonces sólo queda calcular a qué cantidades corresponden esas proporciones o partes.

Se comienza por colocar en el centro de la cruz de mezclas la tasa de grasa deseada:

```
 \ /
 1,2
 / \
```

A continuación se escribe a la izquierda la tasa de grasa de las leches que se vayan a mezclar; aquí conviene escribir siempre en la parte superior la tasa de grasa mayor:

```
4,5
     \ /
     1,2
     / \
0,6
```

Las partes buscadas son la diferencia entre las tasas de grasa de las leches a mezclar y el contenido deseado de grasa:

```
  4,5
– 1,2   4,5      0,6   Partes con el
-----      \   /       4,5% de grasa
  3,3       1,2
           /   \
  1,2   0,6      3,3   Partes con el
– 0,6                  0,6% de grasa
-----           -----
  0,6            3,9   Cantidad de
                       leche mezclada
```

La suma de estas partes indica la cantidad de leche mezclada con el deseado contenido de grasa.

Por consiguiente, mezclando 0,6 partes (en el ejemplo, litros) de leche con el 4,5% de grasa y 3,3 partes (litros) de leche con el 0,6% de grasa, se obtienen 3,9 partes (litros) de leche con la deseada tasa de grasa del 1,2%.

Ahora, para calcular las cantidades de leche a mezclar, sólo se necesita establecer una proporción entre la cantidad total de leche a preparar (en el caso del Ejemplo 2, 60 litros) y las fracciones calculadas por el método de la cruz:

```
4,5              0,6 ............ × litros
      \        /
         1,2
      /        \
0,6              3,3
                 -----
                 3,9 ........... 60 litros
```

Cálculo final:

3,9 partes .... 60 litros
0,6 partes .... x litros

$$x = \frac{0,6 \times 60}{3,9}$$

$$\underline{\underline{x = 9,23}}$$

Se necesitan, por consiguiente, 9,23 litros de leche entera con el 4,5% de grasa. La diferencia hasta 60 litros será la cantidad a mezclar de leche magra.

Como comprobación puede calcularse la cantidad de leche magra de manera semejante a la practicada con la leche entera, o bien realizar el cálculo de las unidades grasa.

Comprobación 1 (calculando la cantidad de leche magra):

```
4,5         0,6     3,9 partes    60 litros
    \     /         3,3 partes    x litros
      1,2
    /     \
0,6          3,3 x litro
            ------------
             3,9   60 litros
```

$$x = \frac{3{,}3 \times 60}{3{,}9}$$

$x = 50{,}77$ litros

Comprobación 2 (trabajando con unidades grasa):

9,23 litros
con el 4,5% de grasa → 41,53 UG
50,77 litros
con el 0,6% de grasa → 30,46 UG

60 litros
con el 1,2% de grasa → 71,99 UG

Normas legales para la venta directa en Austria

Las leches de oveja y cabra estaban hasta ahora fuera de la legislación mercantil, por lo que no están sujetas a limitaciones cuantitativas o específicas de ningún tipo. Únicamente les afectan las disposiciones del Código Alimentario (obligación de limpieza), la Orden de Identificación (etiquetado), Ley de Pesas y Medidas, disposiciones higiénicas y similares. Está autorizada la entrega y reparto a revendedores.

Algunos contenidos de grasa en leche de partida

Producto	*Grasa en ext. seco Grados*	*Tasa de grasa en leche de partida*
Queso fresco	20 %	1,1 %
	40 %	2,6 %
	55 %	4,0 %
	65%	6,1%
Queso blando	25 %	1,2 %
	35 %	1,75 %
	45 %	2,7 %
	55 %	4,1 %
Queso de corte	25 %	1,3 %
	35 %	1,85 %
	45 %	2,8 %
	55 %	4,2 %

Para calcular los grados de grasa, ver pág. 38 (Valores empíricos de contenido proteico del 3,2-3,3 % en leche de vaca).

Pero existen innovaciones en la venta directa de la leche y productos lácteos de leche de vaca:

1. Las normas hasta ahora en vigor sobre venta directa incluidas en la Ley Mercantil se han visto superadas por las directrices de la Unión Europea, por lo que aquéllas dejaron de estar vigentes desde el 1.1.1995. Desde esa fecha rigen, por consiguiente, condiciones comunes de comercialización (tiendas, mercados lugareños, reparto, cesión a revendedores, etc.).

2. En el curso de las negociaciones de ingreso en la Unión Europea, Austria recibió la concesión nacional para la venta directa de leche de vaca y sus produc-

tos de 367.000 toneladas. Esta es la tercera concesión más alta entre todos los miembros de la UE. Sólo Francia e Italia disponen de concesiones más elevadas para venta directa.

3. Esta cantidad asignada a los vendedores directos particulares recibe el nombre de cuota de venta directa (cuota D). Hasta el 30 de Diciembre de 1994, unos 35.000 vendedores directos han informado sobre la cantidad que vendieron en 1993 y desde Enero a Noviembre de 1994. Esta información vale simultáneamente como propuesta, por lo que las cantidades notificadas, siempre que fuesen fehacientes, se asignaron a cada vendedor directo al iniciarse el año lechero (1. Abril.1995). En la actualidad se tratan de establecer los límites correspondientes a lo que pudieran denominarse «vendedores ocasionales».

4. La asignación se realiza en principio provisionalmente para los dos años siguientes, es decir, hasta el 31 de Marzo de 1997. Si en uno de los dos años administrativos se vende directamente al menos el 80% de la cuota D provisional, entonces se sigue la asignación definitiva hasta el 1-4-1997. Si se vende directamente menos, se produce una disminución correspondiente en la asignación definitiva.

5. Desde el 1-4-1995, el vendedor directo tiene que llevar registro exacto de su actividad (cantidad, tipo de producto, clientes). El 5% de los vendedores directos son controlados cada año por el AMA. Los vendedores directos tienen que declarar las cantidades vendidas en cada año económico.

6. Eventuales cantidades residuales de las 367.000 toneladas concedidas pueden repartirse después del 1 de Abril de 1995 entre nuevos vendedores directos. Para ello, los interesados cursan una propuesta, a la que se deben adjuntar los correspondientes justificantes fehacientes.

7. Desde Abril de 1997 (tras la asignación definitiva), existe la posibilidad de transformar la cuota D en cuota E (cuota de entrega). El cambio de cuota E en cuota D es posible inmediatamente desde Abril de 1995. También es posible desde Abril de 1997 traficar y arrendar las cuotas D.

8. Si la venta directa en Austria sobrepasa la asignación nacional de 367.000 toneladas, se debe pagar a Bruselas un impuesto adicional de 4,89 schillings por cada kilogramo que sobrepase aquella cifra.

9. Deben respetarse las normas del Código Alimentario (obligación de limpieza), la Orden de Identificación (etiquetado), Ley de Pesas y Medidas, disposiciones higiénicas, así como la Orden Industrial.

La Orden Industrial dice que, siempre que se elaboren principalmente productos propios y que dicha elaboración tenga lugar dentro de la zona propia de producción (por ejemplo, la producción de leche), no es de aplicación la referida Orden Industrial. Sólo cuando se elaboren grandes cantidades se consideran establecimientos transformadores, que necesitan tener su número de control y someterse a la Orden Industrial.

La obtención y transformación de cualquier clase de leche se rige por lo dispuesto en la Orden de Higiene de la Leche de 1993, en vigor desde el 1-1-1994. Sobre todo en los Apéndices A y D de dicha Orden se expresan las prescripciones de sanidad animal, condiciones higiénicas de los locales (establos), normas generales para mantener en buen estado de funcionamiento las salas y utensilios de ordeño, principios higiénicos que deben regir en el propio ordeño, así como las prescripciones higiénicas generales para locales, instalaciones y aparatos utilizados en la transformación de la leche. Como el texto de la Orden tiene más bien carácter general y su interpretación y ejecución quedan a criterio de los diversos países, lo mejor es que la Sección Jurídica de la Cámara Agraria de cada nación informe sobre el estado actual de la cuestión. Así mismo, sobre estos extremos aplicados a la venta directa pueden dar razón otros estamentos legales.

Normas legales para la venta directa en Alemania

Prof. Dr. H. Trautwein, Nürtingen

A diferencia de lo que sucede con la leche de vaca, para la venta directa de las leches de oveja y cabra no existen cantidades asignadas, o, dicho con otras palabras, no se han fijado límites cuantitativos o cuotas.

En interés de la protección del consumidor, principio muy arraigado en Alemania, los vendedores directos de leche y productos lácteos deben observar gran número de disposiciones legales. A todos los productores que practiquen a la vez la venta directa se les debe recomendar encarecidamente estar en conexión con las autoridades bromatológicas competentes, en particular con el Departamento Veterinario, pues son muchas las condiciones que deben cumplir en su actividad.

Aquí sólo procede destacar brevemente las disposiciones legales más importantes actualmente en vigor.

Ley de Alimentos y Artículos de Primera Necesidad, de 15. 8. 74.

Como directriz legal preeminente destaca a estos efectos la protección del consumidor, que debe estar a cubierto de engaños y fraudes. Está prohibido, por ejemplo:

- Elaborar o manipular alimentos de manera que su posterior consumo suponga alteración para la salud.
- En la preparación y manipulación industrial de alimentos utilizar aditivos no autorizados, así como tampoco aplicar radiaciones ultravioletas o ionizantes no permitidas.
- Sacar al mercado alimentos en los que se sobrepasen los límites máximos de determinadas sustancias (productos protectores vegetales o de artículos almacenados, agentes farmacológicos, etc.).

Orden sobre requisitos higiénicos y de calidad de la leche y productos lácteos (Ley de la Leche), de 24. 4. 95.

Leche preferente (§ 7)

En el punto § 7 se citan las prescripciones especiales para la venta de leche preferente en envases preparados, cuyas normas no se pueden tratar aquí detalladamente. Nosotros no tenemos hasta ahora conocimiento de la existencia de productores que saquen al mercado leche de categoría preferente de oveja o cabra. Los interesados en esta actividad deben contactar con el Departamento Veterinario competente. Las especificaciones higiénicas son muy prolijas y costosas.

Venta de leche en la granja (§ 8)

Aquí se exceptúa la venta de leche cruda por miembros de familias y establecimientos, así como por vendedores trashumantes en el caso de granjas alpinas. Tampoco se incluye bajo este epígrafe la venta en mercados semanales o por intermediarios. Aquí son de aplicación las normas generales del comercio lechero (obligación de pasteurizar, etc.).

Para la venta de leche cruda en la granja deben cumplirse los siguientes requisitos:

1. Efectivos animales

En el Apéndice 1 de la Orden de la Leche se citan los requisitos que debe reunir el ganado:

- Los animales no deben mostrar ningún signo de enfermedad transmisible al hombre.
- No presentarán signos de alteración de su estado general de salud; tampoco padecerán enfermedades de los órganos genitales, de la ubre, etc., en particular heridas en las mamas, que pudieran contaminar la leche.
- Los efectivos estarán oficialmente libres de brucelosis, lo que significa que la leche sirve para la fabricación de queso con una maduración como mínimo de 60 días de duración.
- Si se explotan cabras conjuntamente con vacas, aquéllas se someterán a control de tuberculosis.

2. Establecimiento de producción

En el Apéndice 2 de la Ley de la Leche se exponen los requisitos que deben reunir los establecimientos productores de leche:

Los **locales en que se ordeñen las vacas** deben ser de fácil limpieza y desinfección y disponer como mínimo de:

- Suelos y paredes fáciles de limpiar y desinfectar, canales para la eliminación de desechos líquidos y aguas residuales, así como para la extracción del estiércol.
- Buenas condiciones de ventilación e iluminación.
- Abastecimiento suficiente de agua potable.
- Bastante alejados de los servicios, depósitos de estiércol, etc.
- Dispondrán de medios para el lavado de las manos.
- Los recintos de ordeño estarán separados de los establos en que yacen las vacas, si éstas no están sujetas; para instalaciones ordeñadoras móviles rigen normas especiales.

En los **locales de manipulación de la leche** hay que observar lo siguiente:

- Deben ser de fácil limpieza y desinfección; objetos diversos y sustancias de limpieza y desinfectantes se guardarán en un recinto aparte, o al menos en un armario cerrado.
- Dispondrán de instalación para eliminar aguas residuales, ventilación e iluminación suficientes, abastecimiento de agua potable y medios para lavarse las manos los operarios.

• Estarán protegidos contra parásitos y animales nocivos, así como de otros recintos en que se alojen animales.
• Las superficies de los objetos que contacten con la leche deben ser de metal al abrigo de corrosión, lisas y fáciles de limpiar y desinfectar.

Los **establos** estarán suficientemente limpios, ordenados y en buen estado de conservación.

3. Requisitos del ordeño, etc.

En el Apéndice 3 de la Orden de la Leche se expresan los requisitos referentes al ordeño, manipulación de la leche y tareas a realizar en el establo del establecimiento productor, así como al personal actuante.

• No manipularán la leche las personas que pueden transmitir enfermedades a través de la misma.
• El personal llevará trajes protectores, y las manos, antebrazos, etc. estarán limpios.
• La ubre estará limpia al iniciarse el ordeño.
• Las vacas que no proporcionen leche absolutamente normal, serán ordeñadas las últimas.
• La refrigeración de la leche a +8°C debe realizarse lo más tarde 2 horas después del ordeño; si no se entrega la leche a diario, la refrigeración será a +6°C.
• Después de cada utilización se limpiarán y desinfectarán todos los objetos y utensilios que hayan contactado con la leche.
• Las tareas desarrolladas en el establo no deben ejercer acción perjudicial sobre la leche, ni mediata ni inmediatamente.

4. Venta de leche cruda

La leche cruda debe haberse obtenido en el mismo día de la venta o en el día anterior.

En el punto de venta debe estar expuesto un letrero bien claro y visible que diga: «Leche cruda, cocer antes de consumir».

La venta de leche cruda debe notificarse previamente a la Autoridad competente.

Requisitos que debe cumplir la leche cruda, según el Apéndice 4 a la Orden de la Leche:

De acuerdo con las normas de la Orden de la categorización de la leche (ver Nº 3), la leche debe controlarse de manera continuada; a este respecto, debe cumplir los siguientes requisitos:

• No presentar caracteres organolépticos anormales.
• *Staphylococcus aureus:* En 5 muestras de 1 ml cada una, la tasa de gérmenes no debe superar el número de 500/ml.
• En 5 muestras de 25 ml cada una, no deben evidenciarse salmonelas.
• Hasta el 31. 12. 97., la tasa de gérmenes debe ser inferior a 1.000.000 en las leches de oveja y cabra, y menor de 500.000 desde el 1. 1. 98.

Estas especificaciones de calidad son aplicables también a la leche cruda utilizada en la elaboración de productos lácteos con un tiempo de maduración inferior a 60 días.

Elaboración y tratamiento de productos lácticos

De acuerdo con el punto § 20, párrafo 2, de la Orden de la Leche, el establecimiento transformador de la leche no necesita ninguna autorización cuando elabora sus artículos con leche cruda de obtención propia y dichos productos se ofrecen al consumidor inmediatamente, o al cabo de cierto tiempo en el caso de la mantequilla y de los quesos duros, de corte, de corte semisólidos y blandos.

Sin embargo, estos establecimientos deben cumplir las correspondientes normas higiénicas de la Orden de la Leche (Apéndices 5, 6 y 7) en el curso de los correspondientes procesos de producción (obtención, fabricación, preparación y transformación) y en la salida al mercado.

Orden de la Categorización de la Leche, de 27. 12. 93.

Las centrales lecheras, estaciones de recolección de leche, etc. deben analizar la leche entregada por cada productor lechero, a fin de valorar las diversas partidas:

- Contenido en grasa.
- Contenido en proteína.
- Estado bacteriológico.
- Contenido de células somáticas.
- Sustancias inhibidoras
- Punto de congelación.

Esto es aplicable en el mismo sentido a los vendedores directos de leche. De acuerdo con el resultado de estos análisis, a la leche se le asigna una calidad determinada, comenzando por la categoría S y siguiendo por las categorías 1 hasta la 4. Las especificaciones higiénicas de calidad de la leche cruda para venta directa corresponden a la categoría 1 (ver Nº 3). Además, la leche no debe contener sustancias inhibidoras, y el punto de congelación debe ser igual o menor de +0,515°C. La magnitud de las fracciones que determinan el valor de la leche (grasa y proteína)no tiene importancia desde el punto de vista higiénico.

Orden de Identificación de Alimentos, de 6. 9. 84.

Esta disposición se refiere a la identificación de alimentos en envases preparados. La identificación de mantequilla, quesos y restantes productos lácteos se regula en las Órdenes redactadas específicamente para cada uno de ellos (ver las Órdenes del Queso y de la Mantequilla), en las que se contienen determinadas especificaciones generales de la Orden que encabeza este párrafo. En términos generales, en el exterior del envase preparado deben figurar los siguientes datos:

- El nombre comercial.
- El nombre, la firma o la dirección del fabricante, envasador, etc., que saquen el producto al mercado.
- La lista de aditivos (en orden cuantitativo decreciente).
- El plazo mínimo de conservación, cuando sea necesario con expresión de la temperatura de conservación.
- Peso.

Orden del Queso, de 24. 4. 95.

La venta se notificará anticipadamente a las autoridades competentes.

En la fabricación de queso fresco y cuajada de leche ácida no es de aplicación la obligatoriedad de pasteurizar la leche, cuando ésta se halla controlada por las normas de la Orden de la categorización de la leche y cumple las especificaciones de la categoría 1.

Para la fabricación de quesos semiduros y quesos duros no existe obligación de pasteurizar la leche.

Se expresarán los datos exigidos por la Orden de identificación de alimentos, y, además, los siguientes complementarios:

- Grupo de queso o nombre de la clase estándard.
- Contenido graso.
- País fabricante o región de producción.
- Especie animal en los quesos de oveja o cabra.

Estos requisitos también son necesarios cuando el queso se vende al corte y no en autoservicio.

Orden de la Mantequilla, de 24. 4. 95.

Según la Orden de la Mantequilla, la mantequilla de fabricación propia solamente puede venderse bajo la denominación de «Mantequilla campera alemana». En la mantequilla salada debe figurar la expresión «salazonada». En las demás figurarán todos los otros datos citados en la Orden de la Mantequilla, de acuerdo asimismo con la Orden de Identificación de Alimentos.

Orden de Expresión de Precios, de 14. 3. 85.

Esta Orden determina, entre otros extremos, que el precio final debe incluir los impuestos. En la venta de artículos a granel, figurará el precio de 1 kg o 100 g de producto, y, si se trata de artículos vendidos por volumen, el de 1 litro o 100 ml.

Las etiquetas o las cifras del precio serán bien visibles en los productos.

Orden de los Envases Preparados, de 18. 12. 81.

Se refiere a los productos vendidos en envases sólidos. Para los que practican la venta directa, son importantes las siguientes disposiciones:

- En los envases se expresará la cantidad de producto contenida (salvo en los envases preparados hechos a mano)(ver «Ley de Contrastes»).
- En los productos líquidos figurará el contenido en volumen; en todos los demás productos se expresará el contenido en peso.
- El tamaño de los caracteres que expresan los datos depende de la cantidad contenida. Deben tener como mínimo 3 mm de altura para contenidos de 50-100 g, y como mínimo 4 mm para contenidos de 200-1.000 g.
- Por lo regular se expresa el precio base, es decir, el precio de 100, 1.000 g o 1 litro. Se contemplan diversas excepciones.

Ley de Contrastes, de 14. 3. 85.

Aquí se citan únicamente los puntos más importantes para los practicantes de venta directa:

- Los utensilios de medida utilizados en el comercio profesional o guardados para este fin, están obligados al correspondiente contraste, debiendo estar registrados en la Oficina de Contrastes.

- Está prohibida la venta de envases engañosos que induzcan a pensar que albergan más contenido del que realmente tienen.
- Cuando se fabriquen a mano envases preparados para uso inmediato, la cantidad de producto contenido debe expresarse en un cartel anejo a los envases.

Ley del Cierre de Tiendas, de 28. 11. 56.

Las disposiciones de esta Ley son aplicables también a quienes practiquen la venta directa en una tienda en la granja, en puestos fijos, puestos de mercado o vehículos de venta ambulante, así como a toda venta **regular** de productos fuera de puestos permanentes.

Ordenanzas de Construcción

La construcción de edificios nuevos, los cambios en las edificaciones y las adaptaciones de locales, aun cuando no supongan cambios en su exterior, necesitan en todos los casos permiso de obra.

También están sujetos a esta autorización los puestos de venta, los grandes rótulos mercantiles y similares.

Ley contra la Competencia Ilegal, de 7. 6. 1909.

Aquí sólo procede citar unas cuantas disposiciones de interés para los que practiquen la venta directa:

- Las acciones que vayan en contra de las buenas costumbres pueden ser castigadas y, si es caso, se tendrán también en consideración posibles reclamaciones de daños a terceros.
- Las informaciones que induzcan a confusión o los datos deliberadamente falseados que adopten la apariencia de una oferta especialmente buena, pueden y deben ser prohibidos o castigados.
- Los datos comparativos son ilegales y también pueden ser sancionados penalmente.

Ley de Responsabilidad de los Productos, de 15. 12. 89.

Hasta la publicación de esta Ley, la responsabilidad se limitaba a los perjuicios resultantes de la fabricación deliberadamente ilegal de productos que podían ocasionar daños de cualquier tipo en el consumidor. La nueva disposición legal amplía la responsabilidad a los daños ocasionados no deliberadamente, o sea, a los perjuicios originados por productos defectuosos.

Esta ampliación de la responsabilidad no afecta a los productos naturales, también llamados productos originales; tampoco a los productos resultantes de las etapas de producción primera y segunda. La diferenciación de los productos originales de los productos de primera y segunda etapa de la producción resulta con frecuencia difícil y requiere en casos de duda decisión judicial.

Por ello, nosotros recomendamos a los vendedores directos que transformen los productos en su casa de labor que suscriban un seguro que cubra su responsabilidad como elaborador de alimentos.

Lamentamos no poder facilitar a los lectores de Suiza información sobre disposiciones suizas específicas referentes a la fabricación de quesos de leche de oveja y cabra. Hemos solicitado repetidamente al Instituto Federal Helvético de Investigaciones Lactológicas de Liebefeld datos para complementar lo expuesto en el presente texto sobre Alemania y Austria, pero nos ha sido denegada dicha información. Desconocemos la razón de esta postura, incomprensible para nosotros.

Direcciones de interés para compras diversas

AUSTRIA

Alfa Laval-Agri, Kirchenstr. 18, A-5301 Eugendorf
Maquinaria para centrales lecheras, instalaciones de envasado para establecimientos especializados.

E. Amashaufer, Gewerbetechnik
Eisenstr. 28, A-3380 Pöchlarn
Utensilios e instalaciones (celdas de maduración, id. de refrigeración).

AMF-Betriebsmittel, Jägerstr. 82
A-1200 Viena.
Amplia oferta de utensilios para quesería.

Etscheid-Anlagen, Ing. Gerhard Marek, A-3683 Attenmarkt 49a.
Paños y moldes para quesos, envases, utensilios e instalaciones.

Industrietechnik Filzwieser GmbH, Oberland 67, A-3334 Goflenz.
Moldes para quesos.

Kurt Gasser GmbH, utensilios agrícolas, bombas y aparatos eléctricos,
Siriusstr. 32.
A-9020 Klagenfurt.
Papel indicador, maquinaria para centrales lecheras, material de laboratorio,
sólo en Austria, en el comercio nacional.

Firma Gebetsroither, Mitterhofstr. 11, Postfach 193, A-4600 Wels.
Papel indicador, termostatos, material de laboratorio,
sólo en Austria.

Firma Herbert Glück, Etrichstr. 101, A-5015 Salzburgo.
Extensa oferta de material de quesería, sólo en Austria.

Firma Chr. Hansen GmbH,
Sonnwendgasse 21, 7. Ladestraße
A-1100 Viena.
Medios auxiliares y cultivos (cultivos bacteriológicos, fermento lab líquido),
sólo en Austria.

Firma Hauser Kühlanlagen GmbH,
Am Hartmayergut 4-6, Postfach 18,
A-4040 Linz.
Intalaciones de maduración y frigoríficas.

Firma Josef Hundsbichler KG,
Österr. Laberzeugung,
Fischergries 22, A-6330 Kufstein.
Amplia oferta de material de quesería.

Firma Merck GmbH, Zimbagasse 5,
A-1147 Viena.
Solución de cloruro cálcico, papel indicador, ácido láctico,
material de laboratorio,
sólo en Austria.

Ingrid Plank, Mech. Werkstätte,
Otto-Ruiss-Str. 2, A-3264 Gresten.
Paños para quesos, utensilios de plástico, recipientes
para transporte.

Firma Sattler Chemie,
Leberstr. 64, A-1110 Viena.
Solución de cloruro cálcico, papel indicador, fermento lab líquido,
cera para queso, material de laboratorio,
sólo al por mayor.

Firma Testoterm GmbH,
Geblergasse 94, A-1170 Viena.
Utensilios de medida.

Wiberg Gesellschaft m.b.H.,
Vertriebsbüro, Haptstr. 16-18/2,
A-4040 Linz.
Condimentos.

ALEMANIA

Alfa Laval Agrar, Postfach 1134,
D-21503 Glinde.
Maquinaria para centrales lecheras,
instalaciones de envasado para establecimientos especializados.

Biocena, Renate Eichler
Kaulastr. 32,
89281 Altenstadt.
Productos auxiliares y cultivos.

Bionic GmbH & Co. KG
Schmiedestr. 6, D-25899 Niebüll.
Cera para queso, estufas de incubación,
material de laboratorio,
sólo en Alemania.

Bioskoma GmbH, Postfach 5509,
D-78434 Konstanz.
Cultivos bacterianos,
sólo en Alemania.

Bunte Kuh, Käsereibedarf,
Jay Brady, Hinterdorfstr. 18,
D-36154 Hodenfeld-Hainzell.
Completa oferta de material de quesería.

Laboratorium Dr. Drewes GmbH,
Postfach 1228, D-38712 Seesen.
Cultivos bacterianos, moho blanco,
solución de cloruro cálcico,
sólo en Alemania.

GM Etscheid Anlagen GmbH,
Industriegelände,
D-53577 Neustadt/Wied-Fernthal.
Instalaciones de envasado.

HÄKA, Buttermaschinen GmbH,
Wallonenstr. 27, D-76297 Stutensee-Fr.
Maquinaria para centrales lecheras.

Firma Chr. Hansen GmbH,
Postfach 1805, Fackenburger Allee 67,
D-23554 Lübeck.
Sustancias auxiliares y cultivos (cultivos bacteriológicos, fermento lab líquido).

Josef Hauser's Nachf. KG,
Postfach 1251, D-86356 Neusäß.
Amplia oferta de sustancias auxiliares y cultivos.

Firma Martin Kössel, Postfach 1332,
D-87509 Immenstadt im Allgäu.
Extensa oferta de material de quesería.

Firma Radebrok GmbH,
Grapengießerstr. 23, D-23556 Lübeck.
Instalaciones de envasado.

Milchverwertung Helmut Rink,
Wangener Str. 18, D-88279 Amtzell.
Extensa oferta de material de quesería.

Staatl. Milchwirtschaftliche
Lehr- und Forschungsanstalt,
Postfach 53, D-88239 Wangen.
Cultivos bacterianos.

Verband für handwerkliche Milchverarbeitung im ökologischen Landbau e.V.,
Hohenbercha 13, D-85402 Kranzberg.
Asesoramiento, mejora de procedimientos.

Zanettin GmbH,
Milch- und Lebensmitteltechnik,
Postfach 48, Elhardplatz 2,
D-87471 Durach b. Kempten.
Paños para queso, moldes para queso (nuevos y usados), maquinaria para centrales lecheras, instalaciones de envasado
(nuevas y usadas).

SUIZA

Alfa Laval Agri AG,
Münchrütistr. 2, CH-6210 Sursee.
Moldes para queso, maquinaria para centrales lecheras, instalaciones de envasado,
sólo en Suiza.

Biorex AG, Kappelerstr. 55,
CH-9642 Ebnat-Kappel.
Cultivos bacterianos,
sólo en Suiza.

Bibliografía

BECKER, F.: Nitratgehalt in Schnittkäse bei unterschiedlichem Nitratzusatz und verschiedener Reifung. Milchw. Berichte 63/1980

EEKHOF-STORK, N.: Der große Käseatlas, Geschichte, Sorten, Herstellung, Rezepte Hallwag Verlag, Bern und Stuttgart

KALLWEIT, E., R. FRIES, G. KIELWEIN und S. SCHOLTYSSEK: Qualität tierischer Nahrungsmittel. Fleisch, Milch, Eier. Uni-Taschenbücher. Verlag Eugen Ulmer, Stuttgart 1988

LUF, W., BRANDL, E.: Die Aufnahme von Nitrat und Nitrit bei Konsum von Milch und Milchprodukten. Österr. Milchwirtschaft 41. Jahrgang, Beilage 7 zu Heft 15, 1986

MAIR-WALDBURG, H.: Handbuch der Käse. Käse der Welt von A–Z. Eine Enzyklopädie. Volkswirtschaftlicher Verlag G.m.b.H., Kempten, 1974

SPÄTH, H. und O. THUME: Ziegen halten. 3. Auflage, Verlag Eugen Ulmer, Stuttgart 1994

WEISCHET, H.: Milchschafe halten. Verlag Eugen Ulmer, Stuttgart 1990

WINTERER, H.: Die Bedeutung des Salpeters für die Schnittkäserei. Milchw. Berichte 63/1980

WIRTHGEN, B. und O. MAURER: Direktvermarktung. Verlag Eugen Ulmer, Stuttgart 1992

Las recetas de los requesones de las páginas 62-64 proceden del folleto «Topfenrezeptsammlung» de un curso para profesoras de cocina en escuelas superiores y de formación profesional de la Baja Austria. Ha sido recopilado y publicado por la österreichischen Milchinformationsgesellschaft (öMIG) en colaboración con el consejo escolar y la cámara de comercio de la Baja Austria.

Índice alfabético

A

Aceite, inmersión y maduración en, 92
Acidificación, 11, 41
Ácido láctico, 36
– dextrógiro, 44
– levógiro, 44
Ahumado, 93
Almacenamiento, 69, 102

B

Bacterias acidolácticas, mesófilas, 39
– termófilas, 39
Baño de sal, 35
Batido de la nata, 100
Bebidas de suero, 96

C

Calcio, 31
Caseína, 21
Coagulación, 41
Coliformes, 7
Composición de la leche, 1
Condimentos, 36
Conservación, 102
Cortado, 114
Crema de café, 96
Crema de chocolate, 95
Crema de fresa, 96
Crema de vainilla, 95
Cruz de las mezclas, 125
Cuajada ácida, 120
Cuajada básica, 119
– recalentado y removido de la, 115
Cuajo, 25, 33
Cultivos bacterianos, 29
Cultivos congelados, 30
Cultivos desecados, 30
Cultivos mesófilos, 29
Cultivos termófilos, 30

D

Defectos, 71, 87, 117
Desuerado, 25

E

Elaboración, 104, 113
Envasado, influencia del, 85
Escherichia coli, 7
Estafilococos, 7

F

Fermentos rojos, 88

G

Gérmenes, 7, 8
Grasa, 27
– láctea, 1
Gupferl, 49

H

Hierbas aromáticas, 36
Higiene, de locales y personal, 12
– del ordeño, 9
– del tratamiento de la leche, 9

L

Lactosa, 2
Leche acidificada, 39
Leche agria, 48
Leche calentada, 19
Leche cruda, 18, 19
– análisis, 10
Leche de cabra, 103
Leche de oveja, 39
Leche de vaca, 113
Leche pasteurizada, 18
Leuconostoc citrovorum, 29
Levaduras, 9
Limpieza y desinfección, 16
Liras, 66
Locales y personal, higiene de, 12

M

Maduración, 69, 88
– biológica, 100
– caliente, 100
– con recubrimiento de parafina, 92
– de la nata, 99
– doble, 79
– en películas de plástico, 91
– física, 100
– fría–caliente, 100
– mediante frotado con agua salada, 93
– por bacterias, 88
– superficial, 74
Mamitis, 4
Mantequilla, 97
Mohos, 9
– blancos, 74
– internos, 75
Mucor mihei, 33

N

Nata, maduración de la, 99
– obtención de la, 98
Nata ácida, 47
– mantequilla de, 101
Nata cruda, 101
Nata dulce, mantequilla de, 101
Nitrato, 32
Normas legales, Alemania, 130
– Austria, 128

O

Ordeño, higiene del, 9

P

Pasta de suero, 94
Penicillium candidum, 72, 79
Penicillium roqueforti, 79
pH, 26
Precipitación ácida, 22
Precipitación por el cuajo, 23
Premaduración de la leche, 5
Proteína, 2
– de la leche, 19
– de suero, 94
– sérica, 20
Pseudomonas, 9

Q

Quark, 56, 108
Queso blando, 109
– cocido, 119
– Cottage, 113, 117
– de cabra francés, 112
– de leche ácida, 119, 120, 123
– de pasta azul, 110
– en capas, 58, 108
Quesos blandos, 64
– clasificación, 37
– de corte, 81, 111

– frescos, 49
– – cilíndricos, 49
– madurados por mohos, 72

R
Recetas con quark o requesón, 62
Requesón, 94
Rollos condimentados, 61
Rulada de requesón, 61

S
Sal, 34
Salazonado, 69, 85
Sales, 3
Salmuera, 35
– inmersión y maduración en, 92
Staphylococcus aureus, 8
Streptococcus cremoris, 29
Streptococcus diacetylactis, 29
Streptococcus lactis, 29
Suero, aprovechamiento, 93
– bebidas de, 96

T
Temperatura, 26
Tenazas moldeadoras, 123
Tratamiento, 104, 113
– de la leche, higiene del, 9

U
Unidades grasa, 125
Utensilios, 41

V
Vitaminas, 3

Y
Yogur, 42, 104
– frutas, 45, 105